DEN HIMMEL STÜRMEN

»Wir neigten unsere Häupter vor dem Rätselhaften und hoben dann unseren Blick mit einem neuen Gefühl in unseren Seelen, das uns alle zu verbinden schien, und die Hoffnung auf eine großartige neue Zukunft für die ganze Welt begann zu blühen.«

Mary M. Parker,
nachdem sie 1910 das erste Flugzeug
über Chicago hatte fliegen sehen

FRED E. C. CULICK · SPENCER DUNMORE

DEN HIMMEL STÜRMEN

Die Gebrüder Wright und der Wettlauf um den ersten Motorflug

EIN MADISON PRESS BUCH,
PRODUZIERT FÜR
COLLECTION ROLF HEYNE
MÜNCHEN

Titel der englischsprachigen Originalausgabe:
On Great White Wings. The Wright Brothers and the Race for Flight
Ins Deutsche übertragen von Heinz W. Hermes

Text © 2001 Fred. E. C. Culick und Spencer Dunmore
Illustrationen und Diagramme: Jack McMaster
Grafische Gestaltung und Zusammenstellung © 2000
The Madison Press Limited
Copyright © 2001 der deutschen Ausgabe by
Collection Rolf Heyne GmbH & Co. KG, München

Buchdesign und Layout: Gordon Sibley Design Inc.
Reproduktion: Colour Technologies
Umschlaggestaltung: Hauptmann und Kampa Werbeagentur,
CH-Zug
Herstellung: Karlheinz Rau
Satz: SatzTeam Berger, Ellwangen/Jagst
Druck und Bindung: Artegrafica S.p.A., Verona
Printed in Italy
ISBN 3-89910-131-6

Dieses Buch wurde von Madison Press Limited für die
Collection Rolf Heyne hergestellt.

*Begeisterte Zuschauer jubeln Orville Wright
bei seinem Flug im September 1909 in der
Nähe von Berlin zu.*

Oben: Gedenksteine in Kitty Hawk, North Carolina, zeigen die Entfernungen, die von den Gebrüdern Wright bei ihren ersten Flügen zurückgelegt wurden.
Rechte Seite: Das Wright Brothers National Memorial in den Kill Devil Hills wurde 1932, zum 25. Jahrestag ihres ersten Fluges, enthüllt.

INHALT

Einleitung

»Das motorengetriebene Flugzeug der Wrights war die erste große Erfindung des zwanzigsten Jahrhunderts.«

Es war eine Szene, wie die Gebrüder Wright sie sich niemals hätten ausmalen können. Im März des Jahres 1999 wurde ich zusammen mit Kollegen vom American Institute of Aeronautics and Astronautics (AIAA), Zweigstelle Los Angeles, im Ames Research Center der NASA in Moffet Field, Kalifornien, in Anwesenheit der Presse Zeuge, wie ein detailgenauer Nachbau des *Flyer* der Gebrüder Wright aus dem Jahr 1903 in den gewaltigen Windkanal der NASA, in dem sonst Helikopter und Hochgeschwindigkeitsflugzeuge getestet wurden, geschoben wurde. Mit uns konnten Tausende von Menschen auf der ganzen Welt via Internet verfolgen, wie der *Flyer* dreißig Meter hoch auf einen Teststand gehoben wurde, den man »Stachel« nannte. Dort sollte er einen zweiwöchigen Test durchlaufen. Die beiden Testwochen stellten den Gipfelpunkt eines Traums dar, der merkwürdigerweise unmittelbar nach dem Brand des Luftfahrtmuseums von San Diego im Jahr 1978 begonnen hatte. Das Feuer hatte die Replik des *Flyer* völlig zerstört, die in den fünfziger Jahren vom AIAA gebaut und in diesem Museum ausgestellt worden war. Unsere Gruppe traf die Entscheidung, nicht nur eine, sondern gleich zwei neue Repliken zu bauen. Eine der beiden sollte wirklich flugfähig sein, während die andere als Modell im Maßstab 1:1 für Versuche im Windkanal vorgesehen war.

Das ursprüngliche Ziel des *Wright Flyer Project*, wie wir uns nannten, bestand im Bau einer flugfähigen Replik des *Flyer* von 1903 – und sie sollte originalgetreu sein, aber gleichzeitig mehrmals und sicher von verschiedenen Piloten geflogen werden können. Wir hatten die Absicht, öffentliche Vorführungen zu veranstalten, auf denen wir den ersten Motorflug der Welt, der so dramatisch auf einer der berühmtesten Fotografien des zwanzigsten Jahrhunderts (siehe Seiten 76–77) festgehalten worden ist, naturgetreu wieder aufleben ließen. Doch schon bald mussten wir erkennen, dass der ursprüngliche *Flyer* alles

andere als leicht zu fliegen war. Im Gegenteil, es war eine ausgesprochen gefährliche Angelegenheit – das hatten wohl auch die Wrights richtig erkannt. Ein wesentlicher Teil der späteren Arbeit von Orville und Wilbur hatte demzufolge darin bestanden, die konstruktiven Probleme zu lösen, mit denen ihr erstes motorisiertes Flugzeug ständig zu kämpfen hatte.

Recht bald sahen auch meine Kollegen und ich ein, dass der Bau einer flugfähigen Nachbildung es erforderlich machte, einige Konstruktionsänderungen vorzunehmen. Dabei stellte sich zwangsläufig die Frage, wie viel – oder wie wenig – wir an der Originalkonstruktion der Wrights ändern konnten und durften. Um eine Antwort zu finden, mussten wir zunächst einmal die Vielzahl aerodynamischer Eigenschaften des Original-*Flyer* verstehen lernen.

Das Motorflugzeug der Gebrüder Wright war die erste große Erfindung des zwanzigsten Jahrhunderts, und die Geschichte ihrer Erfindertätigkeit in ihrer arbeitsintensivsten Zeit zwischen 1899 und 1905 ist unzählige Male erzählt worden. Doch was die wirklich wichtigen technischen Einzelheiten ihrer Maschine betrifft, sind diese ein großes Puzzle mit vielen Rätseln geblieben – daran hat sich bis zum heutigen Tag nicht viel geändert. Mit den aus den Windkanaltests gewonnenen Erkenntnissen und Daten waren die Mitglieder des *Wright Flyer Project* wenigstens in der Lage, die luftfahrttechnischen Eigenschaften des *Flyer* von 1903 zu analysieren – und schließlich auch zu verstehen. Durch Computer und Flugsimulationen wissen wir jetzt, wie es gewesen sein muss, das erste steuerbare und motorengetriebene Flugzeug der Welt zu fliegen. Wir hoffen nun, dass dieses im Laufe des Buches vermittelte Wissen zu einem neuen Verständnis für die enorme Leistung der Gebrüder Wright führen wird, die im Dezember des Jahres 1903 einen unglaublichen Triumph errangen.

Fred E. C. Culick

Rechte Seite: Der naturgetreue Nachbau des Flyer *ist sicher am »Stachel« verankert, der die Maschine während der Flugmanöver im Windkanal auf ihrem Platz hält.*

Der über die kahlen Dünen peitschende Wind frischte von Minute zu Minute weiter auf und blies den drei Männern stechende Sandkörner ins Gesicht. Die kümmerten sich jedoch nicht darum, sondern konzentrierten sich vielmehr völlig darauf, dass ihnen ihr Gleiter, ein beachtlicher Doppeldecker mit einer Spannweite von sechs Metern zwischen den Flügelspitzen, nicht aus den Händen gerissen wurde. Das Gerippe des Geräts ächzte und klagte wie ein Boot im Sturm. Die Männer mussten hart zupacken, denn der Gleiter schien in den Böen zum Leben erwacht und sie zu drängen, loszulassen, damit er frei sein, endlich fliegen konnte.

Die drei Männer blickten einander an und nickten sich dann wie auf Kommando zu. Es war so weit. Der Wind war stark, das stimmte. Aber schließlich waren starke Winde ja mit der Grund dafür gewesen, weshalb sie sich gerade für diesen Ort entschieden hatten, oder? Für ihr Vorhaben brauchten sie nun einmal kräftige Winde. Klar, dass ihnen allein bei dem Gedanken daran schon ein wenig flau im Magen wurde. Aber es gab eben keine Alternative. Das Steuersystem funktionierte. Hatten sie es nicht wirklich gründlich und in Dutzenden von Flügen, selbst am Boden stehend getestet, in dem sie die Steuerung mit Schnü-

ren an Flächen und Schwanz betätigten? Dabei hatten sie auch schon eine gewisse Geschicklichkeit erworben. Mal ein Ziehen hier, dann wieder dort. Der Gleiter hatte gehorsam reagiert. Er war gestiegen und geglitten. Im Grunde hatte er genau das getan, was sie von ihm wollten. Es gab keine Zweifel: die Flächenverwindung und das vorne montierte Leitwerk ermöglichten die völlige Kontrolle des Gerätes.

Also gab es jetzt wirklich keinen Grund mehr, noch länger zu zögern, oder? Man war schon vorher übereingekommen, dass Wilbur der Erste sein sollte. Das war sein Recht. Er war der Architekt des ganzen Unternehmens gewesen, und er war es auch, der das Gerät mit jedem Schritt seines langen Entwicklungsweges geformt hatte. Sein Bruder Orville war sicherlich ein unverzichtbares Mitglied des Teams gewesen, aber im Grunde genommen war er immer schon eher ein Geführter als ein Führer.

Mit einem knappen unmissverständlichen Nicken an Orville kletterte Wilbur auf die untere Fläche und legte sich, so bequem es ging, hin. Dann hakte er die Füße unter dem hinteren Holm ein und ergriff den Hebel, über den er das vorn montierte Höhenleitwerk bewegen konnte. Der Wind rüttelte an dem straffen Gewebe, mit dem die Flächen bespannt waren.

VORWORT Auf dem Wind reiten

»Ist das Flugzeug erst einmal in der Lage, zu Übungszwecken eine Stunde, und nicht nur wenige Sekunden in der Luft zu bleiben, hoffe ich mir das notwendige Können anzueignen, um mit den innewohnenden Schwierigkeiten des Fliegens fertig zu werden.«

Wilbur Wright in einem Brief an Octave Chanute vom Oktober 1900

Ein Seevogel kreischte im Vorbeifliegen. Vielleicht war er verwirrt über den Anblick der Männer und ihres seltsam aussehenden Vogels. Orville und Bill Tate, der Helfer der Brüder, nahmen ihre Plätze an den Flächenspitzen ein. Dann nickten sie. Jetzt! Sie liefen nur wenige Schritte vorwärts und schon schien der Gleiter glatt in die Luft zu springen, kaum dass die turbulente Luft über die Flächen strich, und begann sofort, getragen vom Wind, leicht wie eine Feder zu steigen.

Wilbur klammerte sich an die untere Fläche, während er mit weit offenen Augen beobachtete, wie sich eine neue Welt unter ihm auftat. Als das Gerät wie ein Wagen auf einer Schlaglochstrecke bockte, sprang und schlitterte, war er einen Augenblick besorgt, denn er hatte erwartet, dass alles viel sanfter ablaufen würde. Der Wind brauste in seinen Ohren. Ein kurzen Blick nach unten. Da trabten Orville und Bill durch den Sand und hielten die Kontrollleinen immer noch in den Händen. Er blickte wieder nach vorn und der Boden entschwand, dann neigte er sich und der Sand erstreckte sich bis hinaus zum Meer. Zum ersten Mal erlebte Wilbur das Wunder des Fliegens – wie ein Reiten auf der Luft. Ein erhabenes Gefühl, und mit absolut nichts zu vergleichen, was er zuvor erlebt oder gekannt hatte. Und dann – oh, Schreck! Der Gleiter bockte wieder. Schaukelte rauf und runter, fiel und stieg, während der Wind wie wild an ihm zu zerren schien. Mit Sicherheit war er aber stark genug, Orville und Bill die Kontrollleinen aus den Händen zu reißen. Aber sie waren noch immer da und schauten zu ihm hoch, und einer der beiden rief etwas zu ihm hinauf, das er aber wegen der Windgeräusche nicht verstehen konnte. Plötzlich neigte sich ihm der Sand entgegen – wie ein umstürzendes Bild. Doch, als ob er selbst darüber verwundert sei, hob sich der Gleiter abrupt wieder. Dann sackte er durch und stieg gleich wieder hoch – ein bockender Bronco der Lüfte.

Wilbur hatte das furchterregende Gefühl, gleich vom Gleiter geworfen zu werden. Während er sich noch fester als zuvor an die Streben klammerte, rief er der Bodenmannschaft zu, sie möge den Gleiter zurück auf den Boden bringen. Sie verstanden ihn nicht. Er gestikulierte. Jetzt nickten sie. Hände griffen nach den Seilen. Wilbur fühlte, wie die Nase des Gleiters nach unten ruckte und stellte erleichtert fest, dass der Sand scheinbar wieder zu ihm nach oben kam, um ihn zu berühren. Die letzten wenigen Sekunden des Fluges verliefen dann wunderbar glatt. Kurz darauf hatten die Kufen wieder Kontakt mit dem Erdboden. Ein sanfter Stoß. Eine Sandgischt traf sein Gesicht. Er atmete wieder. Er war geflogen. Er hatte den Wind geritten. Und nichts würde je wieder so sein, wie zuvor.

Die Hände fest um die Flügelstreben geklammert und den Körper gegen die heftigen Winde North Carolinas gestemmt, segelt Wilbur in dem Gleiter, den er 1902 mit seinem Bruder gebaut hat, über die Sanddünen von Kitty Hawk.

Der Traum von Flügeln

»Ist es nicht erstaunlich, dass all diese Geheimnisse so viele Jahre im Verborgenen geblieben sind, nur damit wir sie entdecken konnten?«

Orville Wright, am 7. Juni 1903

Sie waren ganz unterschiedliche Charaktere, diese beiden Brüder Namens Wright aus Dayton in Ohio. Wilbur, der Ältere, war 1867 geboren. Orville erblickte vier Jahre nach ihm das Licht der Welt. Die meisten ihrer Zeitgenossen sahen die Wrights als typische Geschäftsleute an: mit konventionellen Anzügen in gedeckten Farbtönen und Oberhemden mit hohen, steifen Kragen bekleidet. Wilburs Glatze und Orvilles Walross-Schnurrbart vervollständigten dieses konventionelle Erscheinungsbild. Wer hätte gedacht, dass diese beiden so durchschnittlich wirkenden Männer die Welt verändern sollten? Doch genau das war es, was sie mit ihrer Erfindung des Flugzeugs bewirkten.

Die Gebrüder Wright betrieben in der West Third Street in Dayton ein Fahrradgeschäft und erwirtschafteten damit ein gutes, wenn auch bescheidenes Auskommen, denn sie verschwendeten keinen Penny unüberlegt, sie rauchten und tranken nicht, und für das andere Geschlecht bekundeten sie, sah man von ihrer Schwester Katharine und deren Freundinnen ab, auch kein größeres Interesse. Sie lernten zwar viele Frauen kennen, doch kam es nie zu Romanzen. Irgendwie müssen die jungen Damen die Brüder als eine Art Mysterium empfunden haben – zwei verfügbare Junggesellen, die mehr als an allem anderen an aeronautischen Angelegenheiten interessiert schienen.

Ohne Zweifel werden die Damen die beiden als langweilig und nüchtern empfunden haben, aber mit einem solchen Urteil dürften sie sich getäuscht haben. Hinter dem ernsthaften Gebaren der Brüder verbarg sich nämlich ein gewitzter Humor. Doch ihre Welt war nun einmal ihre Familie, und nur in deren Schutz meinten sie unsicher und offenherzig sein zu dürfen. Oft verbrachten sie ganze Abende damit, strittige Punkte lautstark

Linke Seite: Wilbur (links) und Orville 1909 auf den Stufen der Hintertreppe in der Hawthorn Street Nr. 7.

zu diskutieren. Sie hatten noch zwei ältere Brüder – Renchlin, der 1861 geboren wurde, und Lorin, der ein Jahr später zur Welt kam. Ihre Schwester Katharine wurde 1874 geboren.

Der zweifellos beeindruckendste Charakterzug der Gebrüder Wright war ihre außergewöhnliche Einmütigkeit. Trotz heftiger Auseinandersetzungen hatte diese nie Auswirkungen auf ihre gegenseitige Zuneigung. In späteren Jahren schrieb Wilbur einmal: »Von Kindheit an lebten mein Bruder Orville und ich zusammen. Wir spielten gemeinsam, wir arbeiteten gemeinsam, und in der Tat – dachten wir auch gemeinsam. Für gewöhnlich teilten wir unser Spielzeug, redeten über unsere Gedanken und Absichten, so dass nahezu alles, was wir in unserem Leben geschaffen haben, letzten Endes das Ergebnis von Gesprächen, Vorschlägen und Diskussionen war, die wir miteinander führten.« Ihr Vater, Bischof Milton Wright von der Kirche der Vereinten Brüder in Christo, behauptete einmal, sie seien so unzertrennlich wie Zwillinge.

Äußerlich hatten sie indes nur entfernte Ähnlichkeit miteinander, obwohl beide die blaugrauen Augen und das angriffslustige, energische Kinn der Wrights besaßen. Wilbur schien der Entscheidungsfreudigere der beiden zu sein, während Orville eher dazu neigte, die Dinge etwas lockerer angehen zu lassen. Wilbur dagegen konnte verschlossen und introvertiert sein, während Orville manchmal etwas angeberhaft war. Wilbur hatte kaum Interesse an Kleidung, im Gegensatz dazu kümmerte sich Orville stets um seine Garderobe und schützte seine Anzüge mit Schürze und Ärmelschonern, wenn er im Fahrradgeschäft arbeitete. Sie stritten sich praktisch immer und auch recht heftig, und dennoch schienen ihre Köpfe zeitweilig quasi miteinander verbunden zu sein. Einmal hatten sie noch bis spät in die Nacht im Geschäft gearbeitet, bevor sie nach Hause gingen. Orville traf als erster ein und lag schon im Bett, als Wilbur das Haus betrat, doch er hatte offensichtlich ver-

säumt, die Eingangstür zu verschließen, was gerade für ihn ganz außergewöhnlich war – und Orville wies auf das Versehen hin. Nachdem Wilbur gegangen war, um die Eingangstür zu verriegeln, kam es Orville, der schon im Halbschlaf war, so vor, als hätte sein Bruder die Gaslampe in seinem Zimmer ausgeblasen, statt den Gashahn zuzudrehen. Bei der Überprüfung stellten die Brüder fest, dass der Hahn tatsächlich noch offen war. Wilburs Vergesslichkeit in dieser Nacht hätte also durchaus dazu führen können, dass die Erfindung des Flugzeugs womöglich anderen überlassen worden wäre!

Das Interesse der Brüder am Fliegen war schon vor langer Zeit geweckt worden, nämlich 1877, als ihr Vater ihnen von einer Geschäftsreise ein Geschenk mitbrachte – einen Spielzeughubschrauber aus Kork, Bambus und Papier, der von Doppelpropellern über ein aufgedrehtes Gummiband angetriebenen wurde. Die Brüder waren von dieser Technik so fasziniert, dass sie sich schon bald eigene Hubschrauber bauten. Dabei entdeckten sie eine wichtige Tatsache: Wenn sie sie größer bauten, wurden sie nicht zwangsläufig besser. Tatsächlich trat sogar meist das Gegenteil ein. Eine Lösung für dieses Phänomen zu finden, reizte sie. Sie hatten ebenso großen Spaß am Tüfteln wie daran, Maschinen auseinander zu nehmen und dabei herauszufinden, wie sie funktionierten. Das fiel ihnen leicht, ein Talent, das sie ohne Zweifel von ihrer Mutter, Susan Koerner Wright, der Tochter eines Konstrukteurs schöner Kutschen und landwirtschaftlicher Wagen, geerbt hatten. Sie war eine ungemein praktische Frau, die anscheinend alles, angefangen von Haushaltsgeräten bis hin zu Spielzeug, reparieren konnte. Auch eigene Erfindungen flogen den Brüdern praktisch zu. Wilbur entwarf einmal ein Gerät, das Papier automatisch in vorgegebene Formen faltete.

Mit Orville zusammen fertigte er Holzschnitte und Drucke an und später konstruierten sie selbst eine Drehbank. Orville gab einmal eine Zeitung heraus und baute dazu selbst eine Druckerpresse, mit der er auch Druckaufträge für die einheimischen Kaufleute erledigte.

Linke Seite: Das Haus der Familie Wright an der Hawthorn Street im Jahr 1897. Linke Seite, Innenbild: Die Schlagblenden und das umlaufende Vordach hatten Wilbur und Orville selbst gebaut.
Oben: Die zeitgenössische Zeichnung des Spielzeughubschraubers, der die Phantasie der Brüder beflügelte. Basierend auf einer Konstruktion von Alphonse Pénaud schaffte es dieses Modell, Höhen von bis zu 15 Metern zu erreichen.

In dieser Zeit war Wilbur ein begeisterter Sportler. Doch im Alter von achtzehn Jahren erhielt er während eines Footballspiels einen fürchterlichen Schlag ins Gesicht, der ihn die meisten Zähne im Oberkiefer und auch einige im Unterkiefer kostete. Intensive zahnmedizinische Arbeit war erforderlich, diesen Schaden zu beheben. Im Anschluss daran versank er in eine ernsthafte Depression, die durch den sich verschlechternden Gesundheitszustand seiner Mutter noch verschlimmert wurde. Mehrere Jahre lang betreute er sie mit ganzer Kraft und verließ das Haus nur noch selten. Es ist schwer zu sagen, wie lange dieser Zustand noch angehalten hätte, wäre der damals 16-jährige Orville nicht an seinen älteren Bruder mit der Bitte herangetreten, ihm beim Bau der Druckerpresse zu helfen. Wilbur sagte zu, seine Depression legte sich, und er begann wieder Interesse am Leben zu entwickeln.

Als Wilbur 22 Jahre alt war, starb seine Mutter an einer Krankheit, die allgemein als »Pleuritis« (früher vage als Brustfellentzündung bezeichnet, tatsächlich aber eine Lungenentzündung) und »Schwindsucht« beschrieben wurde. In dieser Zeit arbeitete Orville für eine Druckerei in Dayton und begann selbst die »West Side News«, ein Wochenblatt, herauszugeben, zu dem Wilbur lokale Nachrichten beisteuerte. Die Zeitung lief etwa ein Jahr lang ganz gut, ging dann aber ein, im Wettbewerb durch die großen Blätter in Dayton verdrängt.

Die Wrights trauerten dem Verlagshandwerk jedoch nicht besonders nach. Ein neues Geschäft hatte nämlich ihr Interesse geweckt – Fahrräder. Diese Industrie durchlief gerade eine Revolution, weil die unhandlichen Hochräder (in England als »Penny-Farthing« bekannt, wobei der Penny als relativ große Münze das Vorderrad und der Farthing als kleinste englische Münze das Hinterrad symbolisierte) schnell durch die »Sicherheitsfahrräder« mit gleich großen, gummibereiften Rädern, die durch eine Kette am Hinterrad angetrieben wurden, verdrängt wurden. Diese modernen Räder waren weitaus leichter zu fahren als ihre unhandlichen Vorgänger und wurden über Nacht

Bischof Milton Wright, um 1900

Mrs. Susan Wright, um 1885

Katharine Wright, um 1900

Zu Hause in der Hawthorn Street

Wilbur war vier Jahre alt, als Bischof Wright im April 1871 mit der Familie in das Haus an der Hawthorn Street in West Dayton, Ohio, umzog. Fünf Monate später kam Orville als sechstes Kind im zur Straße gelegenen Schlafzimmer des Obergeschosses zur Welt. Auf den Tag genau drei Jahre später wurde Katharine, die einzig überlebende Tochter, geboren.

Obwohl die Wrights keineswegs wohlhabend waren, war das Haus an der Hawthorn Street für die damalige Zeit recht komfortabel. Das gut möblierte und gastfreundliche Heim war oft Ort angeregter Diskussionen (unten, links). Milton und Susan Wright waren warmherzige, liebevolle und für-sorgliche Eltern, welche die enge Beziehung der Geschwister untereinander förderten. Bischof Wright verfügte über eine umfangreiche Bibliothek, und die intellektuelle Neugier seiner Kinder wurde nach Kräften gefördert. Es war aber nicht er, sondern die Mutter, die in Wilbur und Orville die ein Leben lang andauernde Begeisterung für das Basteln und Experimentieren weckte und wach hielt. Susan Wright hatte nämlich einen Teil ihrer Kindheit in der Kutschenwerkstatt ihres Vaters verbracht und setzte später ihre bemerkenswerte technische Begabung dazu ein, einfache Haushaltsgeräte zu konstruieren und zu bauen und ebenso machte sie Spielzeug für ihre Kinder. Ihre beiden jüngsten Söhne erbten ihre außergewöhnliche Begabung, sich die Funktionsweise eines Mechanismus vorstellen zu können, noch bevor dieser überhaupt gebaut war.

zu einem Erfolg. Von dieser Technik beeindruckt, entschieden die Wrights, dass das Fahrradgeschäft ihre Aufmerksamkeit verdiene. 1892 eröffneten sie ihren ersten Fahrradladen in Dayton und schon bald stellte sich der Erfolg ein. Schon im Jahr 1896 war der Name Wright in der Gegend wohlbekannt. Bald stellten sie ihr erstes eigenes Fahrrad unter der Markenbezeichnung »Wright-Special« her und boten es für 18 Dollar an. Es wurde ein Bestseller. Zu dieser Zeit gab es in den Vereinigten Staaten von Amerika rund tausend Fahrradfabrikanten, die zahllose Läden belieferten. Doch das Geschäft boomte und es reichte für jeden. Die Wrights waren gut im Geschäft und wären wahrscheinlich auch dauerhaft in der Branche geblieben, hätte es nicht im August 1896 in Deutschland einen Flugunfall mit tödlichem Ausgang gegeben.

Ein bekannter Gleiter-Pilot namens Otto Lilienthal kam ums Leben, als sein Gleiter in der Nähe von Berlin abstürzte. Er war mit einem Gerät geflogen, das man heute als Hängegleiter bezeichnen würde. Bei diesen Geräten konnte man durch die Bewegung des Körpers, der unter den Flächen eingehängt war, eine gewisse Steuerung des Gleiters bewirken. Das amerikanische Magazin *McClure's* hatte zwei Jahre zuvor einen Artikel über Lilienthal veröffentlicht, und wahrscheinlich hatten die Wrights diesen gelesen. Nun war er tot – der erfolgreichste Gleiter-Pilot der Welt. Ein Mann, der mehr als zweitausend Mal geflogen war. Kurz darauf fand auch ein Schüler Lilienthals, der Schotte Percy Pilcher, den Tod, als sein Gleiter während des Fluges auseinander brach. Das Interesse der Brüder an der Fliegerei wurde aufs Neue angefacht. Wie sie es sich zur Gewohnheit gemacht hatten, konsultierten sie zunächst einmal alle verfügbaren Enzyklopädien und fanden – fast nichts. Das war nicht sonderlich überraschend, da damals schon der bloße Gedanke ans Fliegen als revolutionär galt und für die meisten Leute fast schon ein Sakrileg war.

Obwohl eine Hand voll Pioniere bereits vom Motorflug sprach, schien das in den späten neunziger Jahren des vorletzten Jahrhunderts doch ein gänzlich unmöglicher Traum zu sein, eher Stoff für allzu fantastische Abenteuervorstellungen kleiner Jungen. War es nicht völlig klar und eindeutig, dass Gott, wenn er gewollt hätte, dass die Menschen fliegen können, ihnen Flügel gegeben hätte?

Doch der Traum vom Fliegen hatte die Menschheit schon seit Menschengedenken in den Bann geschlagen. Bereits im 15. Jahrhundert hatte der große Hervorbringer brillanter Ideen, Leonardo da Vinci, einen Mechanismus skizziert, der aussah

Der fliegende Mensch

Der deutsche Maschinenbauingenieur Otto Lilienthal war stark an der Fliegerei interessiert und hatte in den 90er Jahren des 19. Jahrhunderts bereits ganz Europa mit seinen atemberaubenden fliegerischen Leistungen beeindruckt. Er konstruierte verschiedene Gleiter als Ein- und Mehrdecker – die den Hanggleitern bzw. Gleitdrachen von heute verblüffend ähnlich sehen – unter denen er im Flug eingehängt baumelte. Durch entsprechende Körperbewegungen war er in der Lage, seine Flugapparate auszubalancieren. Anfangs verwendete der athletische Deutsche noch ein Sprungbrett mit Feder, um sich mit seinem Gleiter in die Luft zu katapultieren. Später zog er es vor, von größeren Höhen zu starten, was er bevorzugt entweder in den Rhinower Bergen oder von einem künstlichen Hügel aus tat, den er in der Nähe von Berlin gebaut hatte. Die elegan-

ten Gleiter hatten Spanten aus geschälten Weidenruten, und als Bespannung verwendete er gewachste Baumwolle. Er erreichte damit auf rund 2000 Flügen Weiten von 100 bis 250 Metern. Als die Neuigkeiten über Lilienthals spektakuläre Flüge die Runde machten, kamen Menschen aus ganz Europa, um ihn durch die Lüfte segeln zu sehen. Berichte in der Presse – einschließlich eines Artikels in der Zeitschrift *McClure's*, den wahrscheinlich auch die Wrights gelesen haben – trugen seinen Ruf bis auf die andere Seite des Atlantiks.

Doch Lilienthal war alles andere als ein Draufgänger. 1889 veröffentliche er ein Buch mit dem Titel *Der Vogelflug als Grundlage der Fliegerei*, das ausführliche Daten über seine Forschungen zu unterschiedlichen Arten von Tragflächen enthält. Als die Wrights mit der Konstruktion ihres ersten Gleiters begannen, stützten sie sich massiv auf Lilienthals Erkenntnisse. Im Gegensatz zu den meisten seiner Zeitgenossen, die dachten, zu fliegen sei keine größere Herausforderung als einen Wagen zu fahren, hatte Lilienthal schon sehr früh begriffen,

dass der Mensch das Fliegen regelrecht erlernen musste, wollte er eines Tages den Himmel erobern.

Unglücklicherweise starb Lilienthal 1896 auf tragische Weise, einen Tag nachdem er mit einem seiner Gleiter abgestürzt war. Die ritterlichen letzten Worte, die er seinen Rettern zugeflüstert haben soll, lauteten: »Opfer sind nun einmal unvermeidlich.«

Ursprünglich hatte Lilienthal gedacht, der angetriebene Flug sei nur durch einen Antrieb zu realisieren, welcher die Schlagbewegung der Flügel eines Vogels nachvollzog. Zur Zeit seines Todes untersuchte er gerade die Verwendung eines mit Kohlegas (das man heute als Kohlendioxid kennt) angetriebenen Motors, durch den seine Gleiter zu wirklichen Flugmaschinen werden sollten. Doch durch eine zum falschen Zeitpunkt einfallende Bö, die ihn letzten Endes tötete, blieben Lilienthal weitere Erfolge versagt. Auf jeden Fall wird man ihn immer als den ersten fliegenden Menschen in Erinnerung behalten.

wie die Kombination eines Drachen mit einer Zugbrücke, womit der Mensch die Möglichkeit erhielt, Tragflächen allein durch die Kraft seiner Beine zu bewegen. Klugerweise probierte er seine Konstruktion nie aus. 1507 baute der Philosoph und Arzt John Damian ein Flügelpaar und sprang damit voller Selbstvertrauen von der Mauer des Stirling Castle in Schottland. Er hatte Glück und bezahlte seinen Versuch nur mit einem gebrochenen Bein. Zu Beginn des 18. Jahrhunderts befestigte ein Franzose, der 62-jährige Marquis de Bacqueville, flügelähnliche Fortsätze an Armen und Beinen und sprang in der Absicht, die Seine zu überfliegen, von einem hohen Gebäude in Paris. Er landete in einem am Ufer festgemachten Leichter und überlebte, doch sein Interesse am Fliegen war fortan deutlich reduziert.

Interessanterweise versetzten gerade die möglichen Folgen eines erfolgreichen Fluges, sogar in diesen frühen Zeiten der Luftfahrt, einige Herzen in Angst und Schrecken. Im 17. Jahrhundert erklärte der Jesuit Francesco Lana, Gott werde die Erfindung einer Flugmaschine niemals zulassen. Die Gründe dafür schienen ihm offensichtlich. »Wo gibt es einen Menschen«, argumentierte er, »der nicht erkennen würde, dass keine Stadt mehr vor Überraschungen sicher wäre, wenn ein [Luft-]Schiff jederzeit über ihre Plätze oder sogar über die Innenhöfe der Wohnhäuser gesteuert werden könnte, und dann zur Erde gebracht würde für die Landung der Besatzung? Auch könnten eiserne Gewichte herabgeschleudert werden, um Schiffe auf See zu zerstören, oder sie könnten mit Feuerbällen und Bomben in Brand gesetzt werden. Doch nicht allein Schiffe, auch Häuser, Festungen und Städte könnten so zerstört werden. Geschähe das nicht mit der absoluten Gewissheit, dass dem Luftschiff selbst kein Schaden zugefügt würde, da seine Geschosse von großer Höhe geschleudert werden können?«

Doch ungeachtet solch trüber Prophezeiungen soll es dennoch wenigstens zwei Mönche gegeben haben, nämlich Oliver of Malmesbury und Bruder Cyprian, die angeblich mit Gleitern experimentiert haben, wobei der Letztgenannte dem Vernehmen nach von einem Berg in Osteuropa hinab segelte. Hezarfen Celebi, ein Türke, folgte im 17. Jahrhundert dem Beispiel des John Damian und sprang am Ufer des Bosporus von einem Turm – wo er, schenkt man der Legende Glauben, sicher auf dem Marktplatz von Scutari landete. Doch schien ihn diese Erfahrung einige Nerven gekostet zu haben, weshalb er sich entschloss, von da an beide Füße fest auf der *terra firma* zu behalten.

Zweifellos war der wichtigste der früheren Pioniere der Luftfahrt ein englischer Baronet namens Sir George Cayley, der oft

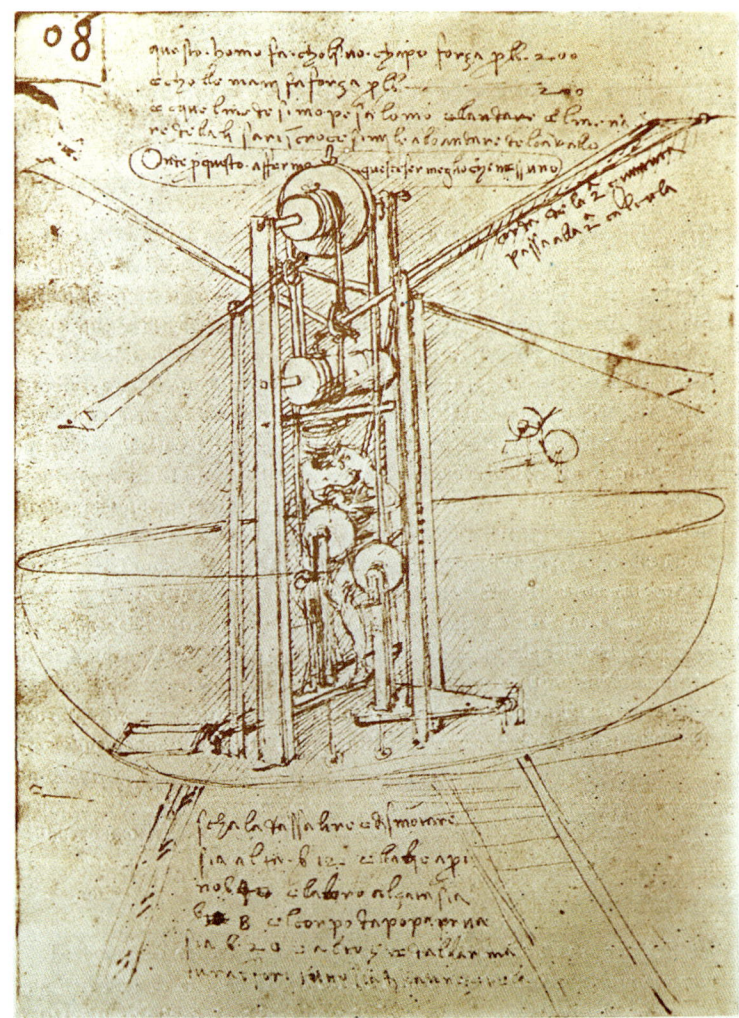

Oben: Umfangreiche Notizen begleiten Leonardo da Vincis erste fantasievolle Zeichnung einer von Menschenkraft angetriebenen Flugmaschine.

Rechts: Eine frühe Skizze des erfinderischen und exzentrischen Sir George Cayley, der um die Wende des 18. Jahrhunderts bereits etliche Prinzipien des Fluges begriffen hatte.

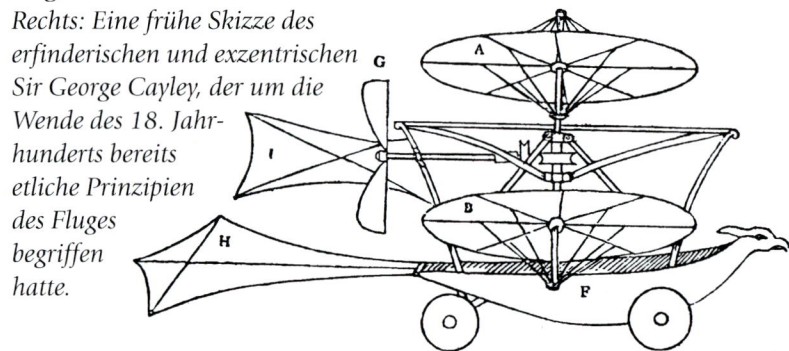

auch als Vater der Luftnavigation bezeichnet wird. Er wurde 1773 im Yorkshire geboren und war ein bemerkenswert kreativer Mensch, der das Drahtspeichenrad, den Raupenschlepper und die Heißluftmaschine erfand. 1799, immer noch in den Zwanzigern, gravierte er in eine kleine Silberscheibe eine Zeichnung, in der er die Auswirkungen der Kräfte von Auftrieb, Schub und Widerstand auf eine Tragfläche aufzeigte. Auf der Rückseite skizzierte er ein vollständiges Luftfahrzeug mit festen Tragflächen, einem pfeilförmigen Schwanz und einem Piloten in einer Gondel, die wie ein Boot geformt war und über Paddel für den Antrieb verfügte. Wenige Jahre später entwickelte er einen Modellgleiter mit Tragflächen, einem Stab als Rumpf und einem verstellbaren Schwanz – ein überraschend vorausschauender Blick in die Zukunft. Er versah seine Konstruktion sogar mit Steuerflächen, die an moderne Höhen- und Seitenruder erinnern. 1809 baute Cayley einen Gleiter, der groß genug war, einen Jungen zu tragen. Leider wurde der Name des ersten Piloten der Geschichte niemals festgehalten.

Einige Jahre später wurde Cayleys Kutscher der erste Mensch, der erfolgreich in einem Gleiter mit festen Tragflächen flog. Er hatte enormes Glück und landete sicher. Allerdings kündigte er im gleichen Augenblick, da er wieder sicher auf festen Boden zurückgekehrt war, unter Protest seine Stellung. Schließlich sei er eingestellt worden, um zu fahren und nicht zu fliegen. Den Notizen Cayleys ist zu entnehmen, dass der Gleiter 164½ Pound wog (1 Pound = 453,6 g), einschließlich 22½ Pound für »Segel und Tauwerk«, zwei Tragflächen von zusammen 17 Pound, dem »Wagen mit Bedienhebeln und Rädern und mit den seitlichen Streben in aufgerichtetem Zustand« zu 120 Pound. Der Schwanz wog 5 Pound.

Der Ingenieur William Samuel Henson, ein weiterer Engländer, hatte grandiose Pläne, die sich um nichts Geringeres als die erste Luftverkehrsgesellschaft der Welt drehten. Um 1840 entwickelte er zusammen mit seinem Kompagnon John Stringfellow den ehrgeizigen Plan für eine Luft-Dampf-Kutsche, die über stolze 150 Fuß Spannweite verfügte und von einer einzigen Dampfmaschine, die auf ein Paar sechsblättriger Schraubpropeller wirkte, angetrieben werden sollte. Ohne das notwendige Eigenkapital für die Entwicklung ihres Flugzeugs wurden Henson und Stringfellow Opfer cleverer Geschäftsleute, die

von der Idee angezogen wurden, zahlende Passagiere durch die ganze Welt zu fliegen. Jedoch flog die »Aerial Transit Company« niemals, und Gleiches galt auch für die Luft-Dampf-Kutsche. Ohne Zweifel wäre es eine gute Sache gewesen, doch verfügte diese Flugmaschine noch nicht einmal über eine Möglichkeit zur Wahrung der Stabilität um die auch als Nickachse bezeichnete Lateralachse.

Auch die Franzosen steuerten eine Anzahl bedeutender Pioniere der Luftfahrt bei. Zu ihnen gehörte Alphonse Pénaud, der 1876 einen Eindecker mit zwei Propellern, einziehbarem Fahrwerk, Seiten- und Höhenrudern entwarf. Obwohl er ihn nie baute, fertigte er eine ganze Serie erfolgreicher Flugzeugmodelle, die durch aufgedrehte Gummibänder angetrieben wurden. Tatsächlich war der Spielzeughubschrauber, den die Brüder Wright von ihrem Vater geschenkt bekommen hatten, nichts anderes als eine Variante des Pénaud-Entwurfs. Ein weiterer Franzose, Felix du Temple de la Croix, baute einen Flieger mit einer Heißluftmaschine. In diesen wurde ein Matrose als Pilot gesetzt, der allerdings keinerlei Möglichkeit hatte, das Gerät zu kontrollieren. Das auf ein schlankes Fahrwerk montierte Flugzeug taumelte 1874 einen Hügel

Clément Ader's Eole

bei Brest hinunter und schaffte einen zögerlichen Sprung in die Luft – den ersten der Geschichte. 1890 baute Clément Ader, ein anerkannter Elektroingenieur, eine geradezu furchterregende Maschine, die im Grunde einer motorisierten Fledermaus glich. Sie trug den Namen *Eole* und wurde von einem Vierzylindermotor angetrieben, der seine Kraft auf einen Vierblattpropeller übertrug. Ader behauptete, 1890 damit geflogen zu sein, und benannte zwei seiner Angestellten als Zeugen des Fluges, die erklärten, dass das Flugzeug sich während seiner knapp 46 Meter weiten Reise etwas über 16 Zentimeter über den Boden erhoben habe. Ein Zeitgenosse Aders war der in Amerika geborene Sir Hiram Maxim, der das nach ihm benannte, ebenso erfolgreiche wie tödliche Maschinengewehr erfunden hat. Maxim baute 1894 ein gigantisches Flugzeug mit einer Spannweite von über 30 Metern und einem Gewicht von über 3,5 Tonnen. Diese Monstrosität wurde von einem Paar hoch effizienter Dampfmaschinen angetrieben, die jeweils 180 PS leisteten. Maxim hatte für seine Versuche einen komplexen Apparat entwickelt, der über Schienen auf zwei Ebenen verfügte. Die eine Schienenspur sollte dem Gerät während des Anrollens die Richtung geben, während die zweite das Abheben verhindern sollte. Eine durchaus vernünftige Vorsichtsmaßnahme, da die Maschine in der Luft wohl unkontrollierbar gewesen wäre. Maxim testete sein Flugzeug im Sommer 1894 in England auf dem Gelände des Baldwyns Park in der Grafschaft Kent. Bei seinen Versuchen wurde die ländliche Ruhe der Umgebung jedesmal grob gestört, sobald sich seine enorme Schöpfung puffend und quietschend in Bewegung setzte. Die Maschine erreichte eine Geschwindigkeit von 42 Meilen in der Stunde, was immerhin gut 67 Stundenkilometern entspricht, und schaffte sogar so etwas wie einen Flug, als sie einige Zoll von der Schiene hochhüpfte. An diesem Punkt des Versuchs brach jedoch ein Teil der Führungsschiene weg und traf einen der beiden Propeller. Damit war der Versuch auch schon zu Ende, und gleichzeitig war auch das Ende für Hiram Maxims Luftfahrt-Experimente gekommen.

Zwei Jahre später führte ein anerkannter amerikanischer Ingenieur namens Octave Chanute von den Sanddünen am Ufer des Lake Michigan eine Serie von Experimenten mit Glei-

tern aus. Der in Frankreich geborene Chanute hatte sich seinen Ruf durch die Entwicklung gewaltiger Projekte erworben, etwa der riesigen Union-Schlachthöfe in Chicago und der ersten Brücke, die in der Nähe von Kansas City den Missouri überspannte. Er war schon seit geraumer Zeit von der Möglichkeit des Menschenfluges fasziniert und schrieb zu Beginn der neunziger Jahre des vorletzten Jahrhunderts für das *Railroad and Engineering Journal* eine Artikelreihe über dieses Thema. Schon bald stand er mit Dutzenden von Erfindern in vielen Teilen der Welt in Korrespondenz, wobei er Ratschläge und auch finanzielle Unterstützung gab, wo immer es ihm nötig erschien. Seine Artikel erschienen 1894 unter dem Titel *Progress in Flying Machines* [Fortschritt bei Flugmaschinen] auch in Buchform und wurden schnell zur Pflichtlektüre für jeden, der aeronautische Ambitionen hatte.

Chanute entwickelte einen Doppeldecker-Gleiter, bei dem ein hinten montiertes Leitwerk die Stabilisierung in Längsrichtung übernahm. Seine Tragflächen hatten ein gewölbtes Profil, das dem ähnelte, das erstmalig von Lilienthal verwendet worden war. Der vielleicht größte Beitrag zur Entwicklung des

Links: Obwohl Sir Hiram Maxims sperrige Maschine von zwei Dampfmaschinen angetrieben wurde, fehlten ihr sämtliche anderen Elemente, die für einen dauerhaften Flug erforderlich sind.
Oben: Octave Chanutes einfallsreiche Konstruktion für einen Doppeldeckergleiter.
Rechte Seite, links: Octave Chanute.
Rechte Seite, rechts: Chanutes Assistent Augustus Herring testet den »Doppeldecker« in den Sanddünen in der Nähe des Lake Michigan.

Flugzeuges war jedoch die Einführung der so genannten »Pratt«-Gitter-Konfiguration für Doppeldecker. Die »Pratt«-Gitter wurden ursprünglich 1844 für die Verwendung bei Eisenbahnbrücken patentiert. Bei einem Doppeldecker bestanden sie aus zwei Tragflächen, die fest durch vertikale Streben verbunden waren, um die Druckbelastung aufzunehmen. Die Biegelasten wurden dabei durch über Kreuz gespannte, diagonale Drahtseile übertragen, mit denen die Streben sowohl in der seitlichen als auch in Längsrichtung verbunden waren. Die Konstruktion war simpel und dabei äußerst wirkungsvoll, weshalb sie zu einem wesentlichen Element nahezu aller Flugzeugkonstruktionen wurde, bis schließlich die Eindecker ihren Siegeszug antraten.

Chanute hoffte immer noch darauf, eine Eigenstabilität der Flugmaschinen zu erreichen, wozu er bei seinen frühen Experimenten die Gewichtverlagerung mit beweglichen Steuerflächen kombinierte. Die Ergebnisse fielen allerdings enttäuschend aus. Bei den Lilienthal-Gleitern stellte der Pilot die Balance durch eine Gewichtverlagerung seines Körper her, wobei die Grenzen eines solchen Steuersystems offenkundig waren. Durch die

Experimente von Alphonse Pénaud wurde die Einführung einer hinten montierten horizontalen Steuerfläche initiiert. In der Zeit, als Chanute seine Gleitversuche durchführte, schien ein anderer amerikanischer Pionier, Samuel Pierpont Langley, die besten Aussichten auf einen Erfolg mit einem bemannten Flugzeug zu haben. Langley, der hoch angesehene Generalsekretär der Smithsonian Institution und weltbekannter Astrophysiker, hatte ein 11,8 kg schweres Modell für eine mögliche Flugmaschine gebaut. Bei seiner Schöpfung handelte es sich um ein Flugzeug mit Tandemflügeln, das durch eine Dampfmaschine mit einer einzigen Pferdestärke angetrieben wurde. Nach mehreren Enttäuschungen flog Langleys *Aerodrome No.5*, wie er es nannte, ausgezeichnet. Daraufhin machte sich Langley daran, seine Kreation auf Dimensionen zu bringen, die auch das Mitnehmen von Menschen erlaubte.

Das war der Stand der Technik, als die Gebrüder Wright aktives Interesse an der Sache gewannen. Im Mai 1899 schrieb Wilbur die Smithsonian Institution an und berichtete von seinem Interesse an der Luftfahrt. »Ich bin dabei, in Vorbereitung der praktischen Anwendung, mit systematischen Studien zu

diesem Gegenstand zu beginnen, und ich gehe davon aus, dass ich dieser Sache alle Zeit widmen werde, die ich neben meinem Tagesgeschäft erübrigen kann. Ich bitte um Übersendung aller Materialien, die von Smithsonian zu diesem Thema veröffentlicht wurden, und bitte auch, wenn möglich, um eine Auflistung anderer im Druck vorliegender Arbeiten in englischer Sprache. Sicherlich kann man mich als enthusiastisch bezeichnen, jedoch nicht im Sinne eines Spinners. Ich habe durchaus konkrete Vorstellungen davon, wie die geeignete Konstruktion für eine Flugmaschine auszusehen hat. Doch möchte ich mir alles bereits Bekannte zugänglich machen und dann, wenn irgend möglich, meine Kraft zukünftig demjenigen zur Verfügung stellen, der den endgültigen Erfolg erringen wird…«

Richard Rathbun antwortete ihm in seiner Funktion als stellvertretender Sekretär des Instituts und schickte Wilbur eine Liste mit empfehlenswerten Arbeiten. Diese Liste war ein recht guter Querschnitt durch das gegenwärtige Gedankengut zur Luftfahrt, und die Arbeiten schlossen Schriften mehrerer Pioniere wie Samuel P. Langley und Octave Chanute ein. Hinzu kamen einige Pamphlete der Smithsonier selbst sowie Kopien des von James Means herausgegebenen Jahrbuchs *The Aeronautical Annual*. Auf diese Weise erkannten die Brüder schnell, wer gerade womit beschäftigt war und erhielten einen ersten Einblick in die Komplexität der vor ihnen liegenden Aufgabe – und wenn diese Komplexität sie gestört haben sollte, gaben sie es zumindest nie zu. Schwierigkeiten schienen eher eine stimulierende Wirkung auf Wilbur und Orville zu haben. Es war fast, als ob sie glücklich wären, mit einer Herausforderung konfrontiert zu werden, die ihren Einsatz lohnte. Im Laufe ihres Lebens hatten sie herausgefunden, dass sich eine Antwort fast unweigerlich von selbst ergab, wenn sie hart und lange genug das fragliche Objekt studierten.

Die Wrights hatten das Glück, in das Fahrradgeschäft eingestiegen zu sein. Es garantierte ihnen einen angemessenen Lebensunterhalt, aber noch wichtiger, es war saisonabhängig – im Frühjahr und Sommer gab es viel zu tun, im Herbst wurde es weniger und im Winter schlief es praktisch ganz ein. Damit verfügten die beiden Männer über ausreichend freie Zeit, in der sie sich auf aeronautische Angelegenheiten stürzen konnten. Sie studierten einige Bücher über das Fliegen in der örtlichen Bibliothek und vertieften ihr Wissen später mit den von Smithsonian vorgeschlagenen Werken. Je mehr sie lasen, umso mehr gelangten sie zur Überzeugung, dass der ganze Luftfahrtbereich noch ziemlich brach lag. So hatte bislang noch niemand versucht, ein echtes Flugsteuerungssystem in seine Erfindung einzuplanen, weil offensichtlich erwartet wurde, dass die Flug-

apparate sich wie gutmütige Hummeln in der Luft halten und am Ende der Reise sanft zur Erde zurückkehren würden.

Möglicherweise sahen die Wrights auch eine gewisse Parallele zwischen dem Fahrradfahren und dem Fliegen. Ein Zweirad ist in der Tat nutzlos, bis es bewegt wird. Mit Sicherheit traf diese Aussage auch auf eine Flugmaschine zu. Bis sie eine ausreichend hohe Geschwindigkeit erreicht hat, um Auftrieb zu gewinnen, ist sie nichts anderes als eine etwas unansehnliche Ansammlung von Holz- und Metallteilen mit ein wenig Leinwand. Über eine Sache herrschte zwischen den Brüdern Wright unverrückbare Einigkeit – die Steuerung musste fest in der Hand des Piloten liegen. Während andere Erfinder das gänzlich eigenstabile Flugzeug anstrebten, sahen die Wrights in diesem Ansatz eine Sackgasse.

Im Laufe der Zeit wurde den Brüdern mehr und mehr bewusst, dass sie sich auf wirklich unbekanntes Terrain vorwagten. Es gab keine eigentliche Kunst des Fliegens, wie Wilbur beobachtete, sondern »…nur das Problem des Fliegens«. Die verfügbaren Daten waren unzuverlässig, weshalb sie alles von Anbeginn neu entwickeln mussten – die Flächenprofile, Anstellwinkel, V-Stellung der Flächen, den Auftrieb, Luftwiderstand …

In ihrer systematischen Art hielten die Wrights alles fest, jedes noch so kleine Körnchen an Information, jede Zahl, jede Skizze, und verbrachten unzählige Stunden mit der Untersuchung des Vogelfluges. Dabei vertieften sie sich besonders in die Art und Weise, wie Bussarde durch Verwindung ihrer Flügelspitzen auf plötzliche Böen reagierten, in denen sie sich sonst überschlagen hätten. Aber wie sollte man ein Flugzeug das Gleiche vollbringen lassen? Wilbur stellte sich vor, dazu Tragflächen zu konstruieren, die während des Fluges angepasst werden konnten, indem man das hintere Ende einer Fläche anhob, während die gegenüber liegende Fläche abgesenkt wurde. Aber wie sollte man das bewerkstelligen?

Im Juli 1899 war Wilbur allein im Laden, als jemand hereinkam, um einen neuen Fahrradschlauch zu kaufen. Während der Kunde den Schlauch aus der Verpackung nahm und ihn untersuchte, ergriff Wilbur die leere Schachtel und verdrehte die Enden gedankenverloren in unterschiedliche Richtungen. Dabei kam ihn ein Gedanke. Die rechteckige Schachtel könnte auch die Fläche seines Doppeldeckers sein. Also, während sich hier eine Seite abwärts bog, wurde die andere Seite nach oben verdreht. Warum sollten nicht auch die Flächen eines Doppeldeckers verdrehbar – oder besser: verwindbar – gestaltet werden können, um es mit den Bedingungen in der Luft auf ähnliche Weise aufzunehmen, wie es die Bussarde schafften?

Seiten 27, 28 und rechts: Die Fahrradwerkstatt der Wrights heute. Rechts außen: Orville, im Bild rechts, und ein Angestellter, Ed Sines, bei der Arbeit in der Werkstatt, 1897. Unten: Die Fahrradmode brachte die ganze Welt auf Räder, weil sie eine neue Form der Mobilität schaffte.

Die Fahrrad-Jungs

»Eine Flugmaschine wird weder die gleiche Form haben, noch sonst irgendwie an die unterschiedlichen Arten von Fahrrädern erinnern. Doch das Studium zur Herstellung einer leichten und schnellen Maschine wird wahrscheinlich zu einer Entwicklung führen, bei der Tragflächen eine herausragende Rolle spielen werden.«

Binghamton im *Republican* vom 4. Juli 1896

Das Fahrrad war d i e Mode der 90er Jahre des 19. Jahrhunderts. Angezogen vom Versprechen dieses Fahrzeugs, ihnen allzeit verfügbare und erschwingliche Mobilität zu verschaffen, strömten Menschen zu Millionen in die Läden, um sich ein solches Fahrrad zu kaufen – wozu in großer Zahl auch Frauen gehörten, die darauf brannten, eine Freiheit zu erfahren, die ihren Müttern noch unbekannt gewesen war. Um von diesem Boom zu profitieren, eröffneten Jungunternehmer überall in den Vereinigten Staaten Fahrradgeschäfte und Fabriken.

Bedenkt man die technische Begabung der Gebrüder Wright, erscheint es nicht verwunderlich, dass auch sie in diese neue Technik einstiegen – zunächst in den Verkauf, dann in die Reparatur und schließlich auch in die Produktion. Zweifellos hatte die Verfügbarkeit entsprechender Rohmaterialien, Ersatzteile, Werkzeuge und Maschinen in ihrer bestens ausgestatteten Werkstatt erheblichen Einfluss auf ihre Beschäftigung mit dem »Flugproblem«, wie Wilbur es einmal nannte. Doch das Fahrrad hat den Brüdern weit mehr ermöglicht. Ihre Erfahrung mit etwas so Instabilem wie einem Fahrrad verschaffte ihnen einen ganz neuartigen Einstieg, als es darum ging, eine Flugmaschine zu entwerfen und zu bauen.

Wörterbuch der Fliegerei

Zu der Zeit, in der die Wrights mit ihren Flugexperimenten begannen, waren die grundlegenden Prinzipien, wie ein Flugzeug funktioniert, dank der Bemühungen früherer Pioniere – wie George Cayley und Otto Lilienthal – bereits eingeführt.

Lift. Im Deutschen als Auftrieb bezeichnet – die Grundvoraussetzung für das Fliegen. Ein Flügel, eine Tragfläche verfügt über eine abgerundete »Nase«, die Anströmkante, von der aus sich die Fläche gewölbt, kontinuierlich bis zu ihrem gegenüberliegenden Ende, der Abrisskante, verjüngt. Die über die Oberseite strömende Luft muss daher eine größere Strecke zurücklegen als die auf der Unterseite. Die Wölbung des Flügels ist also verantwortlich für sein Auftriebsmoment.

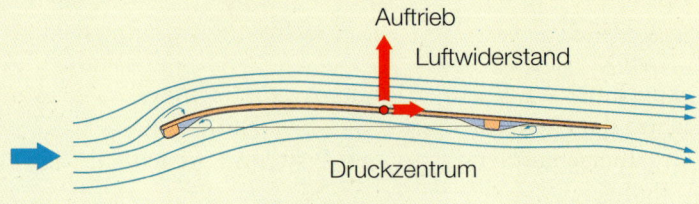

Drag. Im Deutschen Strömungswiderstand. Das ist der Widerstand eines jeden Objekts, das einem Luftstrom ausgesetzt wird. Damit ein Flugzeug überhaupt fliegen kann, muss der Zug in Vorausrichtung (auch Schub genannt) zumindest gleich groß, besser aber größer sein als der Luftwiderstand. Ergo: geringer Strömungswiderstand gleich größerer Schub!

Angle of Incidence / Angle of Attack. Im Deutschen Anströmwinkel genannt, ist dies der Winkel zwischen der Flügeltiefe und der Richtung des scheinbaren Windes. Anströmwinkel und Auftrieb stehen in direktem Verhältnis zueinander.

Momentum. Im Deutschen Kräftevektor genannt, meint die Kraft, die auf den Tragflügel eines Flugzeugs wirksam wird und verhindert, dass die Maschine eine stabile Fluglage und Höhe beibehalten kann. Da der Kräftevektor mehr eine Drehung bewirkt als eine Fortbewegung in Geradeausrichtung, neigt ein Flügel dazu, als Reaktion auf das aerodynamische Moment, das auf ihn einwirkt, von sich aus die »Nase« nach unten zu neigen.

Center of Pressure. Das Druckzentrum. Luftdruck wirkt sich auf jede noch so kleine Oberfläche einer Tragfläche aus. Um ihren Flugzeugen zu einer ausbalancierten Fluglage zu verhelfen, versuchten viele Luftfahrtpioniere, unter ihnen auch die Wrights, das Druckzentrum mit dem Schwerpunkt ihrer Flugzeuge zu vereinigen.

Stabilität. Ein Flugzeug, das nach einer Turbulenz immer wieder von sich aus versucht, in eine ausgeglichene Fluglage zurückzukehren, wird als eigenstabil bezeichnet. Die Wrights verstanden intuitiv die Bedeutung der Stabilität, doch weder sie noch ihre Zeitgenossen wussten genug darüber, um ein wirklich eigenstabiles Flugzeug bauen zu können.

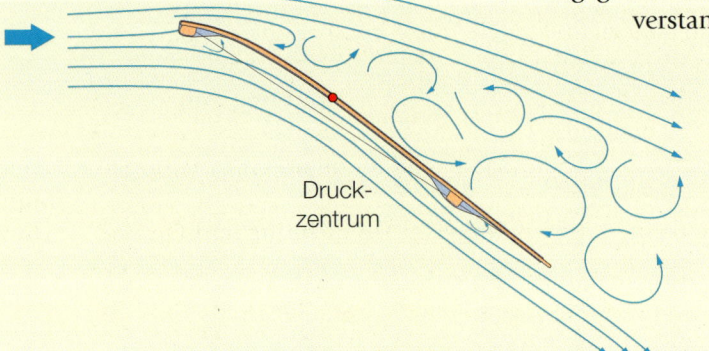

Stall. Im Deutschen als Überziehen oder Sackflug bezeichnet. Wird der Anströmwinkel (siehe oben) zu groß, kann die Luft nicht mehr ungehindert über die Tragfläche fließen, was einen Abriss der Strömung und den Verlust des Auftriebs zur Folge hat. Der Wert des Winkels, bei dem eine Maschine überzieht, ist jeweils von der spezifischen Formgebung der Tragflächen abhängig. Wilbur vermutete zu Recht, dass der Absturz Otto Lilienthals das Resultat eines Überziehens war.

Es war nicht nur ein aufregender Gedanke, sondern ein echter Durchbruch. Er konnte es kaum erwarten, nach Hause zu kommen, um mit Orville darüber zu sprechen. Und an diesem Abend redeten und diskutierten die Brüder ohne Ende, und schnell wurde auch Orville von der gleichen Begeisterung ergriffen wie sein Bruder. Keine Frage, sie hatten etwas gefunden, was alles änderte. Nun mussten sie den Gedanken noch umsetzen und erproben. Sie entschieden sich, die praktischen Experimente mit einem Drachen zu beginnen, wie es auch schon der englische Pionier Cayley praktiziert hatte.

Überschäumend vor Begeisterung machten sich die Wrights an die Arbeit. Sie bauten einen Doppeldecker-Gleiter/Drachen mit einer Spannweite von einem Meter und 50 Zentimetern. An den Flächenenden wurden Schnüre befestigt, mit denen der Bediener des Drachens den Verwindungsmechanismus der Flächen bedienen konnte. Orville war gerade auf einem Camping-Ausflug unterwegs, als Wilbur das Gerät zu einem nur wenig außerhalb von Dayton liegenden Feld brachte. Er fand, dass das System der Flächenverwindung eigentlich recht gut funktionierte, obwohl es ziemlich empfindlich reagierte und es sicherlich einiger Übung und Geduld bedurfte, es in den Griff zu bekommen. Mit beiden Füßen auf dem Boden konnte er das Gerät bald Kurven und Sturzflüge machen lassen wie ein Adler. Es war ein erregender Augenblick. Wilbur war sicher, jetzt eines der größten Probleme des Fluges gelöst zu haben – womit er Recht hatte. Der Gleiter der Wrights war tatsächlich das erste Fluggerät der Welt, das in Längs- und Querachse gesteuert werden konnte. Die unermüdlichen Brüder waren bald in Pläne versunken, einen größeren Gleiter zu konstruieren – einen, der ausreichend groß war, einen Menschen tragen zu können.

Diese Arbeit nahm die gesamten Wintermonate in Anspruch. Im Mai 1900 entschied Wilbur, an Octave Chanute zu schreiben, wobei er sich keineswegs sicher war, wie sein Brief von dem verdienten Ingenieur aufgenommen werden würde. Sicherheitshalber beschrieb er das System zur Flächenverwindung und die Pläne, wie es in einem Gleiter in voller Größe

Der moderne Nachbau eines Drachens aus dem Jahr 1899. Der kleine Entenflügel, wie er allgemein bezeichnet wird, dient als Höhenruder. An den Flügeln angebrachte Kordeln verschafften dem Bediener die Möglichkeit, Nick- und Rollbewegungen auszugleichen.

verwirklicht werden sollte, etwas ausführlicher und erwähnte auch ihr Vorhaben, in das Gerät anschließend einen Antrieb einzubauen. Dazu suchte er Chanutes Rat und merkte bei der Gelegenheit auch an, dass seiner Ansicht nach der einzige Weg, die Probleme des Fluges wirklich zu lösen, in den gemeinsamen Anstrengungen vieler Forscher läge. »Das Problem ist viel zu bedeutend, als dass es ein Mann allein und ohne Unterstützung lösen könnte.« Die Antwort von Chanute war gleichermaßen hilfreich wie ermutigend und bedeutete den Anfang einer langen Beziehung zwischen ihm und den beiden Brüdern aus Ohio.

Wilbur hatte bereits Verbindung mit dem US-amerikanischen Wetteramt aufgenommen und war dort mit der Bitte vorstellig geworden, Informationen über Windbedingungen in verschiedenen Teilen des Landes zu erhalten, denn starke und gleichmäßige Winde waren für die Versuche der Wrights unabdingbar. Aus der Antwort des Amtes ging hervor, dass es notwendig sein würde, sich weit von Dayton zu entfernen, um die optimalen Bedingungen vorzufinden. Der am besten geeignete Ort schien Kitty Hawk, ein winziges Städtchen, nicht weit von Roanoke Island in North Carolina entfernt, wo 1580 die ersten englischen Siedler gelandet waren.

Kurze Zeit später korrespondierte Wilbur mit Joseph Dosher, der das Wetteramt in Kitty Hawk leitete. Dosher antwortete: »Der Strand hier ist etwa eine Meile breit, ohne Bäume oder hohe Hügel, und erstreckt sich in dieser Form über eine Länge von nahezu 60 Meilen. Im September und Oktober bläst der Wind hauptsächlich aus Norden und Nordosten.«

Abschließend fügte er noch eine Warnung hinzu: »Ich bedaure, Ihnen mitteilen zu müssen, dass Sie hier kein Haus mieten können. Sie werden deshalb eigene Zelte mitbringen müssen.« Der örtliche Postbeamte, William J. Tate, war in dem kleinen Ort eine wichtige Persönlichkeit. Auch er schrieb an die Wrights und informierte die Brüder darüber, dass sie ihre Versuche »…auf einem sandigen Landstück in der Größe von einer Meile mal fünf Meilen, mit einem kahlen, achtzig Fuß hohen Hügel in der Mitte, ohne jeden Baum und Busch, die den gleichmäßigen Strom des Windes unterbrechen könnten…« durchführen konnten. Für die meisten Leute musste das alles geradezu unerträglich öde geklungen haben, doch für die Wrights, die nur von einem einzigen Interesse beherrscht wurden, erschien die Gegend geradezu paradiesisch. Hier würden sie nicht nur die Freiheit, sondern auch den Platz haben, die Antwort auf alle Fragen zu finden, die inzwischen ihr gesamtes Denken beherrschten.

Am Abend des 6. September 1900, einem Donnerstag, bestieg Wilbur die Eisenbahn und sah dabei in seinem ordentlichen Anzug mit steifem Kragen und Krawatte sicherlich nicht wie ein Pionier der Luftfahrt aus. Drei Tage zuvor hatte er an seinen Vater, den Bischof, geschrieben und ihm von seiner Absicht erzählt, jetzt Ferien zu machen, und ganz beiläufig erwähnt, dass er »… bei der Gelegenheit auch ein paar Experimente mit einer Flugmaschine…« durchzuführen beabsichtige. Erklärend fügte er hinzu, dass er sich der damit verbundenen Herausforderung ausschließlich zu seinem Vergnügen stellen wollte und nicht, um irgendwelchen Profit zu machen. Er räumte allerdings ein, dass »…eine, wenn auch geringe, Möglichkeit besteht, Ruhm und Wohlstand dabei zu erwerben …«

Etwa 24 Stunden später traf Wilbur in Old Point Comfort, Virginia, ein und fuhr auf der *Pennsylvania* weiter nach Norfolk, der ehemaligen Marinebasis der Konföderierten.

Die drei Dimensionen des Fluges

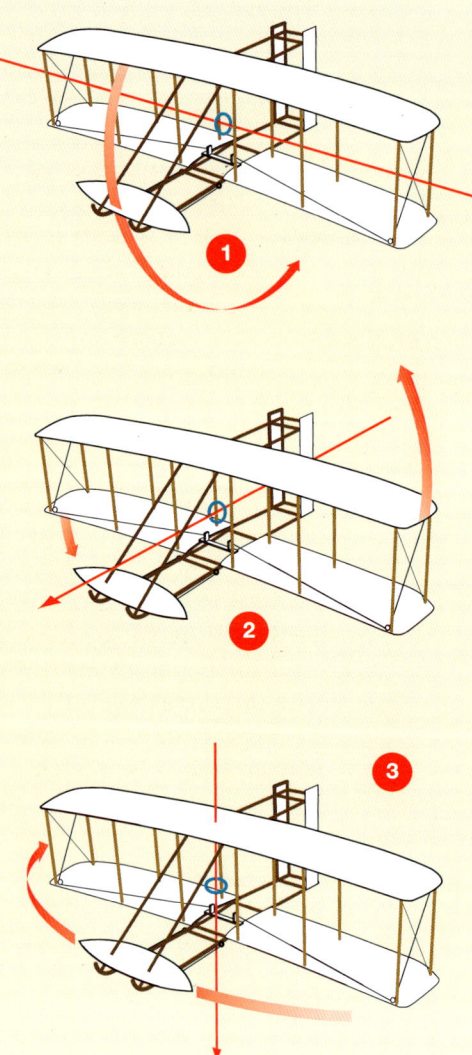

Um voll und ganz verstehen zu können, womit sich die Gebrüder Wright auseinander zu setzen hatten – und wie sie ihr Verständnis für die mechanischen Kriterien des Fliegens in die Konstruktion ihrer Flugzeuge einfließen ließen –, ist es erforderlich, ein wenig mehr über die Bewegungen eines Flugzeugs und die ihnen zugeordneten Begriffe zu erfahren.

1. Pitch. Dieser Begriff beschreibt die Bewegung eines Flugzeugs um seine Querachse, also die Auf- und Abwärtsbewegung seiner Nase. Dies kann man sich am besten anhand einer durch die Tragflächen gezogenen Achse vorstellen. Bei modernen Flugzeugen erfolgt die Beeinflussung der Bewegungen in Längsachse über die am Höhenleitwerk angebrachten Steuerflächen, die als Höhenruder bezeichnet werden.

2. Roll. Unter Rollen versteht man die Bewegung eines Flugzeugs um seine Längsachse, also die imaginäre Linie, die in seiner Rumpfmitte von der Nase zum Schwanz verläuft. Bei modernen Flugzeugen werden diese Bewegungen über die Querruder in den Tragflächen gesteuert.

3. Yaw. Im Deutschen als Gieren, bzw. Gierbewegung bezeichnet, versteht man darunter die Bewegungen der Flugzeugnase von einer Seite zur anderen. Diese Art der Bewegung kann man sich am besten anhand einer gedachten Achse vorstellen, die senkrecht durch den Schwerpunkt eines Flugzeugs führt. Bei modernen Flugzeugen wird diese Bewegung über das Seitenruder an den entsprechenden Seitenleitwerken gesteuert.

Obwohl es heutzutage keinen Konstrukteur oder Piloten mehr gibt, dem diese drei zueinander in Beziehung stehenden Bewegungen nicht bekannt wären, galt dies für die Flieger um die Jahrhundertwende des vorletzten Jahrhunderts keineswegs. Die Gebrüder Wright sollten schließlich dort Erfolg haben, wo schon so viele andere gescheitert waren, weil sie erkannten, dass die Kontrollmöglichkeit über alle drei Bewegungen die Grundvoraussetzung für die Verwirklichung eines praktisch nutzbaren Flugzeugs war.

Er hatte keine Zeit, diesen Ort zu bewundern, da er noch Holzlatten für die Spanten des Gleiters kaufen musste. Da das gewünschte Hemlocktannenholz nirgendwo am Lager war, musste er schließlich mit Kiefernholz vorlieb nehmen. In seinem Tagebuch notierte er dafür unter der Rubrik Kosten: 2,70 Dollar. Weit ärgerlicher war aber, dass selbst dieses Holz nicht in den Maßen verfügbar war, die er benötigte. Folglich würde er die Pläne für den Gleiter ändern müssen, sobald er Kitty Hawk erreicht hatte, indem er mehrere Komponenten auf die Maße des Holzes zuschneiden musste, was weitere Verzögerungen mit sich brachte – und noch mehr Kompromisse. Inzwischen war die Tagestemperatur auf 37,7° C gestiegen, doch Wilbur, immer noch im Geschäftsanzug, schwitzte ohne zu klagen. Es wäre ihm im Traum nicht eingefallen, seine Jacke auszuziehen und den Hemdkragen zu lösen – schließlich wusste ein Wright, wie man sich in der Öffentlichkeit zu kleiden hatte.

Die Reise nach Outer Banks stellte Wilburs Durchhaltewillen auf eine wirklich harte Probe, da er zuerst noch nach Elizabeth City reisen musste. Nachdem er die fahrplanmäßige Fähre, die immer Freitags in Richtung Manteo ablegte, knapp verpasst hatte, blieb ihm nichts anderes übrig, als seinen Transfer über den 40 Meilen breiten Albemarle Sound nach Kitty Hawk selbst zu organisieren. Diese Reise wurde dadurch noch erschwert, dass er niemanden finden konnte, der überhaupt schon einmal von Kitty Hawk gehört hätte, wodurch es noch schwerer wurde, eine Möglichkeit für die Überfahrt ausfindig zu machen. Wenn es so weiter ginge, würde er noch gezwungen sein, alles wieder zusammenzupacken und unverrichteter Dinge nach Dayton zurückzukehren.

Doch dann war es gerade diese Vorstellung, die seinen Anstrengungen neue Kraft verlieh. Es kostete ihn vier Tage quälender Ungewissheit, bis sein beharrliches Nachfragen ihn schließlich zu Israel Perry, einem einheimischen Flussschiffer, führte. Dieser spöttische, ungepflegte Kerl sagte tatsächlich, er kenne Kitty Hawk, und jawohl, er würde den Herrn dorthin bringen, und ja, auch mit dessen ganzer Ladung. Erleichtert bezahlte Wilbur seine Hotelrechnung, da er erwartete, dass Perrys Boot gleich unten am Ufer läge. Doch da irrte er. Tatsächlich war Perry drei Meilen weiter flussabwärts vor Anker gegangen. Die einzige Möglichkeit für Wilbur, dieses Schiff zu erreichen, bestand nun in der Fahrt auf einer wenig Vertrauen einflößenden Schute, die von Perry und einem sehr jungen Hilfsmatrosen gesteuert wurde.

Voller Sorge um die eigene Sicherheit und die seiner wertvollen Ladung stimmte Wilbur dennoch zu. Letzten Endes blieb ihm keine Wahl, da einfach keine andere Transportmöglichkeit zur Verfügung stand. Die Fahrt flussabwärts erwies sich als Albtraum. Die Schute leckte und musste ständig gelenzt werden, und Wilbur seufzte erleichtert auf, als sie Perrys Schiff erreicht hatten. Die *Curlicue* war ein schonergetakeltes Fischerboot mit flachem Boden, das nun vor ihm auf dem Wasser dümpelte und bei jedem Windhauch ungeduldig an den Festmachern zerrte.

Wilbur kletterte an Bord, doch schon wandelte sich seine eben noch verspürte Erleichterung in blankes Entsetzen. »Als ich das Deck des größeren Bootes betrat, sah ich auf den ersten Blick, dass es, so dies überhaupt möglich war, in noch schlimmerem Zustand war als die Schute«, schrieb er später. »Die Segel waren verschlissen, die Taue ziemlich abgewetzt und der Ruderschaft schon zur Hälfte weggerottet. Die Kabine war derart dreckig und von Ungeziefer verseucht, dass ich sie bis zum Ende der Reise nicht betrat.« Wilbur entschied sich daher, lieber während der ganzen Reise an Deck zu bleiben.

Es war schon fast dunkel, als der Schoner Segel setzte und hinaus auf das offene Wasser des Sundes glitt, wobei die Segel müde in der sanften Brise killten. Doch innerhalb der nächsten Minuten wandelte sich das Bild völlig. Ganz plötzlich briste der Wind auf und peitschte das Wasser zu wütenden weißen Kronen hoch. Der Schoner driftete über die aufgewühlte Wasserfläche, da sein flacher Boden ein Kreuzen gegen den Wind fast unmöglich machte. Trotz des Wetters blieb Wilbur an Deck. Wie zum Schutz gegen die Unbill der Elemente hatte er sich zusammengekauert und fragte sich, wie lange dieses traurige Gefährt wohl noch durchstehen würde.

Das Wetter verschlechterte sich weiter. Ein ausgewachsener Sturm hatte das Gebiet erreicht, der den dunklen Himmel mit Donner und Blitzen zerriss, während der scharfe Wind die Wellen gegen das träge Schiff klatschen ließ. Wilbur war völlig durchnässt und sein Anzug klebte ihm wie eine unerwünschte zweite Haut am Körper. Er kämpfte zusammen mit der Besatzung, um die ausgewehten, alten Segel zu bergen. »Warum bin ich bloß nicht schon beim ersten Blick auf diesen Eimer auf und davon gelaufen?«, fragte sich Wilbur.

Israel Perry rettete den Tag. Als geborener Segler – wenn auch nachlässiger Bootsmann – brachte er alle sicher durch den Sturm und legte mit gekonntem Schwung an. Wilbur konnte wieder aufatmen. Er war tatsächlich heil angekommen. Die Reise von Dayton hatte sieben Tage gedauert. Nachdem er ein kleines Glas mit Eingemachtem, das seine Schwester Katharine ihm mitgegeben hatte, leer gegessen hatte, schlief er unruhig bis zur allmählich einsetzenden Morgendämmerung. Dies war der nichts Gutes verheißende Beginn zu einem Abenteuer, das die Welt verändern sollte.

Die Outer Banks

*»Sicherlich können wir uns über den Ort nicht beklagen.
Schließlich kamen wir wegen des Windes und Sandes hierher,
und genau das haben wir auch bekommen.«*

Orville Wright an seine Schwester Katharine, Ende September 1900

Mit wunden Gliedern und noch ganz steif nach der unseligen Nacht auf dem Deck der *Curlicue* machte sich Wilbur auf den Weg zum Haus von William Tate, dem Postbeamten des Ortes. Wilbur kannte die Familie aus der Korrespondenz, die er mit Tate geführt hatte, und wurde herzlich begrüßt. Besuche waren hier auf den Outer Banks selten und das war gut zu verstehen, denn es war wirklich eine gottverlassene Gegend – nur ein Streifen windgepeitschten Sandes, welcher der Küste folgte. Im Grunde nichts weiter als ein unbewachsener, von der Natur vergessener Landstrich, über den Tag für Tag heftige Winde wehten. Wilbur konstatierte die Stärke des Windes mit freudiger innerer Zustimmung. Das Wetteramt hatte ihn also nicht getäuscht.

Die einheimische Bevölkerung begeisterte Wilbur. Sie schienen die Welt, aus der er kam, überhaupt nicht zur Kenntnis zu nehmen. In einem Brief an seinen Vater bemerkte er einmal, Tate sei eine angesehene Persönlichkeit in der kleinen Gemeinde. Er lebte in einem Haus, das sich vom Durchschnitt abhob, obwohl es nach Daytoner Maßstab primitiv war – nicht angestrichen, ohne Teppiche und ohne jedwedes Buch oder Bild. Die Leute hier mochten vielleicht einfach sein, aber Wilbur fand sie großzügig und immer hilfsbereit.

Als Mrs. Tate bemerkte, dass Wilbur seit zwei Tagen außer einem Glas Eingemachtem nichts mehr gegessen

hatte, zauberte sie im Handumdrehen ein schmackhaftes Frühstück aus Schinken und Eiern herbei – ein echtes Festessen auf Outer Banks, wo es Eier in der Tat nicht gerade im Überfluss gab.

Während Wilbur auf Orvilles Ankunft wartete, beschäftigte er sich mit dem Zusammenbau des Gleiters, wobei er

Linke Seite: Ein Drachen segelt von den kraftvollen Winden getragen, welche die damals gottverlassenen Outer Banks zu einem idealen Testgelände für die Gleiter der Wrights machten. Links: Der Postbeamte William Tate und seine Familie unter dem Vordach ihres Hauses in Kitty Hawk, North Carolina.

im Verlauf der Arbeiten viele Komponenten zunächst neu zeichnen musste, um sie dem Maß der Hölzer anzupassen, die er in Norfolk hatte erwerben können. Die hochwertige Bespannung für die Tragflächen aus Baumwollsatin musste neu zugeschnitten und genäht werden, da die wesentlichen Baugruppen – die Tragflächen – nun eine gänzlich andere

Oben: Einige Männer der amerikanischen Lebensrettungsstation von Kill Devil Hills in North Carolina (unten, links) nehmen Kurs auf die hohe See. Die sieben Mitglieder dieser Station (unten, rechts) sollten später von Orville und Wilbur als erste Flugzeug-Bodenmannschaft der Welt zum Dienst »gepresst« worden sein. Dieses Foto nahmen die Wrights kurz nach ihrer Ankunft gegen Ende des Jahres 1900 auf.
Rechte Seite: Kaum war der Bau des Gleiters aus dem Jahr 1900 abgeschlossen, schlugen Wilbur und Orville ein Zelt in den Dünen auf.

Größe bekamen, als ursprünglich vorgesehen. Sie waren von ursprünglich geplanten 5,95 Metern Spannweite auf 5 Meter und 33 Zentimeter geschrumpft und die Flächentiefe betrug 1,52 Meter. Gesamtkosten: 15,00 Dollar.

Den 28. September konnte Wilbur rot im Kalender anstreichen, denn endlich kam auch Orville in Kitty Hawk an, nachdem er sich einer weitaus leichteren Reise als sein Bruder hatte erfreuen können. Er brachte auch Vorräte an Kaffee, Tee und Zucker mit und damit Annehmlichkeiten, die hier vor Ort kaum verfügbar waren. Auf Drängen der Tates blieben die Brüder noch einige Tage, bevor sie damit anfingen, ihr Lager ungefähr eine halbe Meile entfernt aufzuschlagen.

Mitte Oktober fegten starke Winde über die Region, die den Wrights jedoch durchaus gelegen kamen, ermöglichten sie es ihnen doch, den Gleiter/Drachen mit unterschiedlichen Nutzlasten fliegen zu lassen. Dazu hatten die beiden Brüder ein Stück weiter im Süden des Lagers ein dreieckiges Gestell errichtet, das eine Höhe von etwa 3,70 Metern besaß. Sie hatten vor, daran ein Seil zu befestigen, das während der Flüge straff gespannt bleiben sollte, damit sie sich mit der Steuerung völlig vertraut machen konnten. Erst anschließend wollten sie ihre bemannten Gleitflüge versuchen – sollte es tatsächlich jemals dazu kommen.

Chanute hatte nämlich seine Vorbehalte gegenüber diesem Ansatz geäußert. »Ich selbst hatte immer das Gefühl, Halteseile seien eine Erschwernis, die nicht nur Ergebnisse verfälschen, sondern auch zu Unfällen durch ein Überkopfgehen des Apparates oder eine Kollision mit der unterstützenden Konstruktion führen können. Daher habe ich es immer so eingerichtet, anfänglich auf einem Sandhügel zu lernen und dann die ehrgeizigeren Dinge über Wasser zu versuchen…«

In der Quintessenz sagte Chanute damit nichts anderes, als dass es die Brüder wohl auf die harte Weise lernen müssten – nämlich durch das Fliegen selbst, durch Fehler und durch die Lehren aus diesen Fehlern. Und es dauerte auch nicht lange, bis die Wrights mit ihm übereinstimmten. Ursprünglich hatten sie errechnet, dass sie eine Windstärke von 17 bis 20 Meilen pro Stunde brauchten, die den be-

mannten Gleiter tragen konnte – dieser sollte in seiner ursprünglichen Form eine Gesamtfläche von 18,1 Quadratmetern haben. Doch nach den notwendig gewordenen Änderungen betrug die Fläche nur mehr 16,2 Quadratmeter. Mit einem Leergewicht von 22,7 Kilogramm und einem Piloten, dessen Gewicht bei 65,8 Kilogramm lag, betrug die Flächenbelastung ca. 6 Kilo pro Quadratmeter.

Camp, 1900, Kitty Hawk.

Sie testeten das Gerät in verschiedenen Konfigurationen: »Wir probierten es mit dem Schwanz vorne, hinten und auf jede erdenkliche Art aus…«, notierte Orville später. Mit Federwaagen, die an den Halteseilen angebracht waren, konnten die Brüder Messungen des Auftriebs und Widerstandes vornehmen – und die fielen enttäuschend aus. Wieder und wieder produzierten die Flächen des Gleiters weniger Auftrieb als es die Brüder auf der Basis von Lilienthals Daten berechnet hatten. Drei Erklärungen erschienen ihnen hierfür möglich: 1. Die Stoffbespannung war nicht hinreichend luftdicht, 2. die Wölbung ihres Flächenprofils war mit 1:22 zu flach ausgefallen, um Lilienthals Daten darauf anwenden zu können, und 3. Lilienthal hatte sich geirrt. Die Wrights favorisierten die zweite Hypothese. Sie planten, ihren nächsten Gleiter mit einem stärker gewölbten Flächenprofil zu bauen.

Meistens wurde das Gerät wie ein Drachen geflogen – zuerst nur vom Turm aus, dann immer öfter vom Boden aus, mit den von Hand geführten Seilen. Trotz allem erlebten beide Brüder tatsächlich – für wenige unglaubliche Sekunden – das unvergleichliche Gefühl, von der Luft getragen zu

ner kämpften mit ihren Emotionen. Warum nicht einfach einpacken und nach Ohio zurückkehren? Warum nicht das Versagen zugeben und ins Fahrradgeschäft zurückkehren? Auf diese Branche verstanden sie sich jedenfalls, was man vom Fliegen nicht gerade behaupten konnte. Der Menschenflug war anscheinend eine Stecknadel, die in einem Heuhaufen von Rätseln verborgen war. Kaum hatte man eine Erkenntnis ausgegraben, tauchte schon eine andere auf, die ihr widersprach und einen verwirrte.

Links: Ein moderner Nachbau des Gleiters von 1900.
Rechte Seite: Während des ersten Frühlings auf den Outer Banks flogen die Wrights ihren Gleiter in erster Linie als Drachen (oben, links), den zu steuern recht schwierig war (unten, links). Dieser Unfall passierte, als eine Bö den Gleiter erfasste und in den Sand schmetterte. Nachdem die Wrights nach Dayton zurückgereist waren, entfernte Mrs. Tate den Baumwollsatin vom aufgegebenen Gleiter und nähte ihren Töchtern daraus Kleider. Rechte Seite, rechts: Der junge Tom Tate posiert vor dem Gleiter des Jahres 1900.

werden, während der Strand unter ihnen zurückfiel. Während seines ersten Versuchs in der Luft erlebte Wilbur, dass die Maschine wie ein Bronco bockte. Erschreckt zog Orville das Gefährt auf den Boden zurück. Bei einer anderen Gelegenheit, die etwas später im Laufe des Jahres stattfand, holten die Brüder das Gerät nach einem kurzen Flug als Drachen wieder ein. In eine angeregte Unterhaltung vertieft, vernachlässigten sie ihre Aufmerksamkeit für die Maschine – gerade als Mutter Natur mit einer heftigen Windbö aufwartete, die das Gefährt anhob und dann in einem herzzerreißenden Krachen und Splittern in einem einzigen Durcheinander wieder auf den Boden schmetterte. Geschockt und sprachlos zogen Wilbur und Orville das Wrack zu ihrem Zelt. War dies nun das Ende all ihrer Versuche? Beide Män-

Die Brüder machten eine Bestandsaufnahme des Schadens und gingen dann zunächst einmal entmutigt und enttäuscht zu Bett. Eine Nacht guten Schlafes kann jedoch Wunder bewirken. So auch hier. Gut ausgeruht fühlten sie sich am Morgen schon wieder erheblich besser. Sie würden sich von diesem Rückschlag nicht abschrecken lassen. Es gab keinen Zweifel, dass sie im Laufe der Zeit noch mit vielen weiteren Rückschlägen konfrontiert werden würden, bis ihre Arbeit erledigt war. Also entscheiden sie sich, mehrere Variationen des Grundkonzeptes zu entwickeln: einmal mit dem Höhenruder (das von ihnen nur Ruder genannt wurde) vorne, dann mit dem Ruder hinten. Mit bis zu 34 Kilogramm an Eisenketten beladen, dann wieder leer. Dabei ließen sie das Flugzeug hauptsächlich als Drachen fliegen und die Ergebnisse wurden fein säuberlich festgehalten. Entsprach die Leistung nicht ihren Erwartungen fragten sie sich jedes Mal aufs Neue, ob sie überhaupt etwas Verwertbares erreichten. Besaßen die ganzen Zahlen, die sie ständig niederschrieben, überhaupt irgendeine Bedeutung? Sammelten sie hier einen wichtigen Bestand von Erkenntnissen? Oder war das alles nur eine monströse Zeitverschwendung? Sicher waren sie sich nie, aber sie gewannen langsam ein gewisses Gefühl für die Luft, diesen unsichtbaren Mantel, der die

Erde umhüllt, mit all ihren Launen und Zornesausbrüchen. Schritt für Schritt fanden die Brüder heraus, wie sie instinktiv reagieren konnten, wenn sie ihr Gefährt durch den Himmel von North Carolina steuerten. Die Bediener – Pilot oder Seilkontrolleur – konnten sich nie entspannen, denn die Luft war fast immer turbulent; bei den ganz seltenen Gelegenheiten, zu denen sie sich tatsächlich einmal beruhigte, schien das Gerät sofort nach rechts oder links, oben oder unten ausbrechen zu wollen. Das Fliegen erforderte ihre ununterbrochene Aufmerksamkeit, und völlige Hingabe. Schließlich zogen die Gebrüder Wright nach Big Kill Devil Hill, einer vier Meilen von ihrem Lager entfernten Gegend, um. Dabei handelte es sich um einen recht ansehnlichen Hügel, dessen Nordosthang genau in Richtung der vorherr-

schenden Winde lag. Angeblich hat es in diesem Jahr noch ein Mensch geschafft, in die Luft zu kommen. Der zehnjährige und siebzig Pfund schwere Tom Tate, Bills Neffe, behauptete, er sei in der Drachenversion der Wright-Maschine geflogen, obwohl die Wrights diesen Flug in ihrem Journal nicht erwähnten. Jedenfalls sagte Orville einmal über Tom, dass er »…mehr tolle Garne spinnen konnte, als jedes andere Kind seiner Größe, dem ich jemals begegnet bin…«, womit Zweifel am Wahrheitsgehalt der Behauptung des Jungen durchaus angebracht erscheinen.

Die Flugsaison 1900 war nur kurz: die Wrights verbrachten alles in allem weniger als einen Monat in Kitty Hawk. Gleichwohl waren sie mit ihren Fortschritten doch einigermaßen zufrieden, als sie Ende Oktober zurück nach Dayton reisten. Sie hatten insgesamt etwa drei Minuten im freien Flug gesammelt, wobei jeder von ihnen einige Sekunden eigenhändiger Kontrolle des Geräts erlebt hatte. Den Rest der Zeit hatten sie mit unbemannten Versuchen verbracht. Damit hatten Orville und Wilbur selbst zwar weniger Zeit in der Luft verbracht als Lilienthal, doch waren sie überzeugt, bereits mehr von der Materie zu verstehen, als es dem unglücklichen Deutsche jemals gegeben war. Trotzdem gab es noch so viel zu entdecken und zu erforschen – und sie fuhren fort, die Vögel zu studieren. Dabei beobachteten sie, wie bestimmte Arten mit heftigen Winden umzugehen verstanden. Außerdem fiel ihnen auf, dass die Vögel nur selten versuchten, bei feuchtem Wetter zu segeln, und dass sie offensichtlich nicht in Lee eines Hanges gleiten konnten, wenn sie nicht gerade in größerer Höhe flogen. Unglücklicherweise waren diese Beobachtungen zum größten Teil Zeitverschwendung, denn es schien nur wenig am Vogelflug zu geben, was ihnen dabei helfen konnte, die Rätsel des Menschenfluges zu lösen. Später schrieb Orville: »Der Versuch, die Geheimnisse des Fluges von einem Vogel zu lernen, war etwa das Gleiche wie der Versuch, das Geheimnis des Zauberns von einem Zauberer zu lernen. Wenn man den Trick kennt und weiß, worauf man achten muss, sieht man auf einmal all die Dinge, die man nicht bemerkt hat, als man noch keine Ahnung hatte, wonach man suchen muss.«

Wieder daheim in Ohio, machten die Wrights eine Bestandsaufnahme ihrer Erfahrungen auf den Stränden der Outer Islands.

Wilbur schrieb an Octave Chanute und fasste ihre Ergebnisse zusammen: »Zuerst wurde die Maschine in Kurven gleicher Höhe geflogen, um die Auswirkung der Winkel in der V-Form der Flächen zu untersuchen, aber wir kamen zu dem Ergebnis, dass die Auswirkungen in böigen Winden sehr unbefriedigend sind. Die Kontrolle war wesentlich leichter, als wir Flächen ohne den V-Knick flach gestalteten… Wir merkten bald, dass unsere Anordnung, das ›Ruder‹ vorne in Kombination mit der Flächenverwindung zu betätigen, sich auf eine Weise auswirkte, die es äußerst schwierig machte, beide gleichzeitig zu bedienen.« (Auch hier bezieht sich Wilbur wieder auf das ›Ruder‹, das heute als ›elevator‹ oder Höhenruder bezeichnet wird.)

Chanute war gebeten worden, einen Artikel für *Cassier's Magazine*, eine technische Fachzeitschrift der damaligen Zeit, zu verfassen, und schrieb Wilbur mit der Bitte um Erlaubnis an, »…in aller Kürze und gebotener Zurückhaltung über Ihre Experimente und nur so viel zu berichten, wie es Ihnen genehm erscheint…« Wilburs Antwort war bereits ein erster Hinweis auf die Vorsicht, mit welcher die Wrights zunehmend vorzugehen lernten.

Wilbur teilte Chanute mit, dass er nichts dagegen einzuwenden habe, wenn das Prinzip der Flächenverwindung in dem kommenden Artikel erwähnt würde, aber er möchte absolut sichergestellt wissen, dass keine Konstruktionsdetails oder sonstige Erkenntnisse weitergegeben würden. Mit anderen Worten: Chanute durfte vermitteln, was die Wrights erreicht hatten, so lange er Stillschweigen darüber bewahrte, wie sie es geschafft hatten. Zum gegebenen Zeitpunkt schien dies eine durchaus verständliche Einstellung, die jedoch später zu endlosen Auseinandersetzungen führte und viele Widersprüche gegen den Anspruch der Wrights heraufbeschwor, die Ersten gewesen zu sein, die eine Schwerer-als-Luft-Maschine geflogen hatten. Die Flugsaison 1900 war für die Brüder nur kurz gewesen, aber sie erwies sich für sie »…als die Bestätigung der Richtigkeit unserer ursprünglichen Ansichten«.

Warum war die Flächenverwindung von so entscheidender Bedeutung?

Das System der Flächenverwindung war das Kernstück für den Triumph der Gebrüder Wright. Allerdings war seine Bedeutung nicht von Anfang an offensichtlich.

Bei den Gleitern und ersten Flugzeugen, welche die Wrights konstruierten, lag der Pilot auf einer beweglichen Hängebühne, mit der er durch Gewichtsverlagerung bewirken konnte, dass die Abrisskanten der Flügel auf der einen Seite nach unten und auf der gegenüberliegenden Seite nach oben gebogen wurden. Dadurch kam ein unterschiedlicher Anströmwinkel – und folglich auch Auftrieb – auf den beiden Seiten des Flugzeugs zustande. Mit anderen Worten, die eine Seite stieg und die andere bewegte sich nach unten. Es entstand der oben beschriebene Auftriebsunterschied, der das Flugzeug zu einer Rollbewegung veranlasste. Sobald die Flügel in die Gegenrichtung verwunden wurden, kehrte das Flugzeug in seine ursprüngliche Lage zurück.

Im Gegensatz dazu hatten Cayley, Lilienthal und andere frühe Pioniere der Luftfahrt nach Lösungen gesucht, ihre Maschine aus sich heraus unempfindlich gegen Rollbewegungen zu machen. Cayley hatte herausgefunden, dass man dies eventuell durch eine so genannte »dihedrale« Flügelstellung erreichen konnte – wobei er den Flügeln eine leicht V-förmig nach oben verlaufende Stellung gab. Die Flügel sollten in dem Augenblick, da sie in eine dihedrale Rollbewegung gingen und die Maschine zu einer Seite auszubrechen begann – oder seitlich von einer Bö getroffen wurde –, die Flächen auf der gegenüberliegenden Seite des Rumpfes in einen geringfügig anderen Anstellwinkel kommen lassen, wodurch es zu einem ebenfalls geringfügig anderen Auftrieb kommen würde. Das sollte das Flugzeug in seine ursprüngliche Position zurückrollen lassen.

Doch Wilbur hatte beim Vogelflug etwas beobachtet – die Vögel stützten ihre Flugfähigkeit nicht auf eine »passive« Stabilität! Ein Bussard, der von einer Bö getroffen wurde, verwand seine Flügel, um den durch die größere Windstärke hervorgerufenen Auftrieb zu kompensieren

Steuerleinen

Flächenverwindungsleinen

und sich wieder in eine stabile Fluglage zu bringen. (Tatsache ist aber – obwohl Wilbur davon nichts wissen konnte –, dass die Flächenverwindung zur Herbeiführung einer aktiven Stabilität und kontrollierten Rollbewegung bereits zu Beginn der 1880er Jahre vom Luftfahrtpionier John L. Montgomery entdeckt wurde. Doch genau wie Wilbur hatte auch Montgomery dies den Vögeln abgeschaut und eine Reihe von Gleitern gebaut, bei denen er die Flächenverwindung umsetzte.)

Die Wrights erkannten, dass die Flächenverwindung einem Piloten die Möglichkeit verschaffte, die lateralen Bewegungen seines Flugzeugs aktiv zu beeinflussen. Cayley und viele Zeitgenossen der Wrights gingen von der Vorstellung aus, man könnte ein Flugzeug ähnlich in eine Kurve manövrieren wie ein Schiff – also über ein Ruder. Allerdings funktionierte dies praktisch nie zufriedenstellend, da ein Flugzeug sofort anfing, zur Seite wegzugleiten. Wilbur beschloss daraufhin, das Flugzeug in eine Kreisbewegung rollen zu lassen, wäre die bessere Alternative. Mit anderen Worten, der Pilot betätigte die Flächenverwindung und leitete dadurch eine Rollbewegung der Maschine ein, aus der er sie dann in eine Kurve zog.

Ein neuer Gleiter

»Nach unzähligen kleineren Veränderungen sind wir nun der Ansicht, dass unsere Maschine Ergebnisse zeitigen wird, die in einem Bereich von zwei bis drei Prozent der Realbedingungen liegen dürften…«

Wilbur Wright an Octave Chanute am 22. November 1901

Den Winter verbrachten Wilbur und Orville mit Berechnungen und Neuberechnungen, mit Prüfungen und erneuten Überprüfungen ihrer Zahlen, um so die Pläne für ihren Gleiter des Jahres 1901 zu definieren. Sie debattierten über jeden einzelnen Schritt, wobei einer der Brüder meist eine Position und der andere die gegenteilige einnahm. Dabei konnten sie ganz beiläufig, fast ohne nachzudenken, die Positionen wechseln und anschließend den Punkt erneut diskutieren. Die Abstimmung zwischen den zwei Männern war fast übernatürlich.

Die Arbeit ging gut voran. Der neue Gleiter würde dem früheren Gerät sehr ähnlich sein, aber es sollte eine ganze Reihe sehr wichtiger Fortschritte an ihm verwirklicht werden. Er war mit einer Spannweite von 6,60 Metern und einer Fläche von knapp 28 Quadratmetern auch größer – und damit der größte Gleiter, den jemals irgendjemand zu fliegen versucht hätte. Das Gesamtgewicht der Konstruktion belief sich nun auf 44,5 Kilogramm, womit die Flächenbelastung einschließlich Pilot auf 4,22 Kilogramm pro Quadratmeter sank – eine Verringerung um fast ein Drittel. Die andere Veränderung von Bedeutung war die Vergrößerung der Flächenwölbung von 1:22 auf 1:12.

Die Brüder blieben bei dem vorne montierten Höhenruder. Ohne diese Anordnung wäre es ihrer Meinung nach sonst immer dann zu durch Strömungsabriss bedingten Abstürzen gekommen, wenn ihre Fluggeschwindigkeit unter einen Wert gesunken war, der noch ausgereicht hätte, sie zu tragen. Ein solcher Strömungsabriss war ein wirklich beängstigender Zustand – und sie waren überzeugt davon, dass genau ein solcher für den Tod Lilienthals verantwortlich zu machen war. Zu ihrer großen Erleichterung hatten die Wrights entdeckt, dass in den Fällen, in denen ihre Fluggeschwindigkeit unter den Wert gefallen war, an dem das Gerät noch von der Luft getragen wurde, das vorn liegende Höhenleitwerk dem Flugzeug einen Sinkflug in ebener Lage ermöglichte – die Landung auf dem Boden bestand dann nur noch aus kaum mehr als einem Stoß.

Das vorn liegende Höhenleitwerk war aber gleichzeitig auch eine gut sichtbare Anzeige für die Fluglage. Jahre später schrieb Orville: »Anfänglich setzten wir das Höhenruder in einem negativen Winkel [gemeint ist der Anstellwinkel; *Anm. d. Übersetzers*] in der Absicht nach vorne, ein System von Eigenstabilität zu erreichen. Dies hätte möglicherweise auch funktioniert. Doch der Druckpunkt auf gewölbten Flächen wandert mit zunehmendem Ausstellwinkel nach hinten, und nicht wie vermutet nach vorn… wir beließen das Höhenruder viele Jahre lang vorne, da auf diese Weise ein Kopfüber-Absturz verhindert werden konnte, der Lilienthal und vielen anderen nach ihm das Leben gekostet hat.« (In Wirklichkeit hat das vorn angebrachte Höhenruder die Instabilität des Gerätes sogar noch weiter verschlimmert. Hätten die Wrights mehr über die Flugcharakteristika verschiedener Flächenprofile gewusst, würden sie ohne Zweifel schon damals eine andere Konfiguration entwickelt haben – wie sie es später auch taten. Das bequeme »Durchsacken« der ersten Wright-Gleiter hatte seinen Grund in einem sehr weit hinten liegenden Schwerpunkt, nicht aber in der »Enten«-Konfiguration.) [Entenkonfiguration = Flugzeug mit dem Höhenleitwerk vorn am Rumpf; *Anm. d. Übers.*]

Am 7. Juli 1901 machten sich die Brüder wieder auf den Weg an die Küste von North Carolina und richteten ein neues Lager bei den in der Nähe von Kitty Hawk gelegenen Kill Devil Hills ein. Es bestand aus einem großen Zelt für die Männer und einem etwas höheren Schuppen für den Gleiter, und die Wrights waren mit dem, was sie da gebaut hatten, durchaus zufrieden. »Das Gebäude ist eine großartige Einrichtung«, schrieb Orville seiner Schwester Katharine, »mit Vordächern an beiden Enden, die eigentlich nur große, oben angeschlagene Türen sind, die wir hochklappen und befestigen, so dass eine überdachte Veranda über die volle Breite der Enden des Gebäudes entsteht. Meist lassen wir die beiden Enden offen und damit den einfallenden Brisen freie Bahn.«

Doch Orvilles Begeisterung sollte nur von kurzer Dauer sein. Ein neuer und böswilliger Feind begann das Camp zu belagern: Milliarden von Moskitos, und dazu noch die der hungrigsten Sorte. Diese Plage erschien gleichzeitig mit Edward C. Huffaker, einem Mitarbeiter von Octave Chanute,

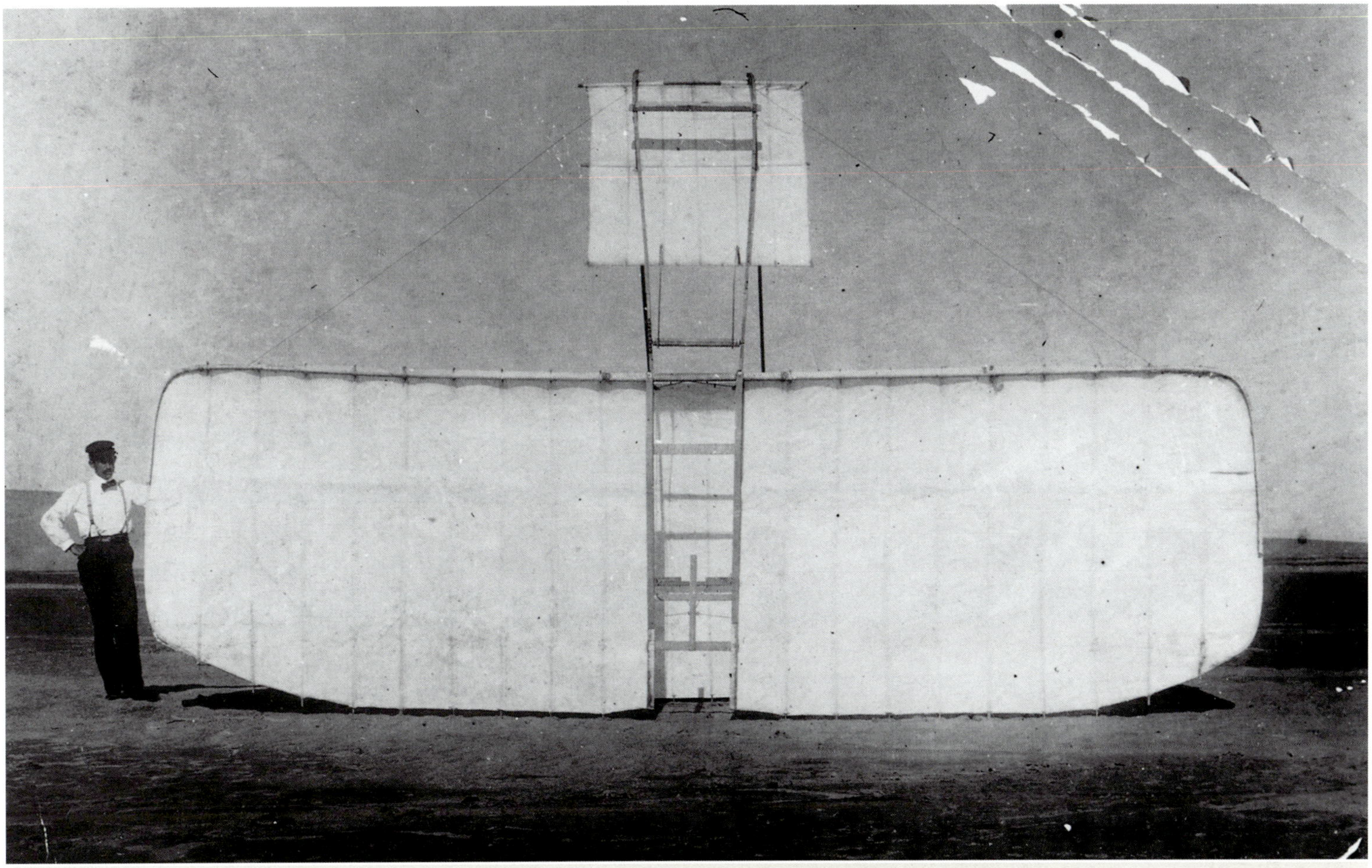

Oben: Orville posiert stolz neben dem Gleiter von 1901, der über eine Flügelspannweite von 6,60 Metern verfügte.
Unten: Das neue Lager in den Kill Devil Hills. Seiten 42 und 43: Mit Wilbur an der Steuerung lassen Bill und Dan Tate den
überarbeiteten Gleiter durch die Wirkung des Windes vom Grat einer Düne abheben.

der nach Kitty Hawk eingeladen worden war, um die Versuche der Wrights mit anzusehen – und der sich bei beiden Brüdern dank penetranter Besserwisserei und seiner Zurückhaltung, wenn es darum ging, bei einer richtigen Arbeit mit anzupacken, schnell unbeliebt machte. Allerdings bedeutete der Ärger, den er bereitete, nichts im Vergleich zu den Moskitos. Der Kampf mit den Insekten »…war der Anfang des kläglichsten Daseins, durch das ich mich jemals quälen musste«, erklärte Orville. »Sie bissen sich einfach durch unsere Unterwäsche und Socken, und über meinen ganzen Körper verteilt schwollen Beulen auf, die so groß waren wie Hühnereier.«

In ihrer Verzweiflung sahen die Männer keine andere Möglichkeit, als sich bereits um fünf Uhr nachmittags ins Bett zu flüchten. »Wir hängten unsere Decken unter die Vordächer und wickelten uns in unsere Laken, wobei nur noch unsere Nasen zwischen den Falten hervorschauten, um den Angriffen die geringste Oberfläche zu bieten. Aber ach! Nun wurde die Komplizenschaft von Mutter Natur in dieser Verschwörung gegen uns offensichtlich. Der Wind, der bislang mit mehr als zwanzig Meilen in der Stunde geblasen hatte, schlief völlig ein. Damit wurde es unter den Bettdecken unerträglich. Der Schweiß floss uns in Strömen. Also deckten wir uns teilweise auf und die Moskitos stießen in unüberschaubaren Massen auf uns herab.«

In der folgenden Nacht versuchten sich die Männer mit Moskitonetzen zu schützen – und prompt fraßen sich die Insekten durch sie hindurch. Die einzige Lösung bestand darin, alte Baumstümpfe zu verbrennen, die so viel Rauch produzierten, dass sich die Moskitos endlich geschlagen zurückzogen. Doch diese Lösung war ebenso unangenehm wie das Problem selbst. Die Männer konnten in dem ätzen-

den Rauch kaum atmen. Ein weiterer Schützling von Chanute tauchte auf. Ein junger, flugbegeisterter Arzt namens George A. Spratt. Am Morgen nach seiner ersten Nacht bekannte er, noch nie eine solche Nacht durchlitten zu haben. Doch schließlich zogen die Moskitos gnädigerweise ihres Wegs, und die Männer konnten den Gleiter nach Big Hill schleppen. Ihre Begeisterung verschwand allerdings fast ebenso schnell, wie die Moskitos. »Unsere ersten Versuche verliefen eher enttäuschend«, schrieb Orville. »Die Flugmaschine weigerte sich einfach, wie unser Gerät vom letzten Jahr zu reagieren, und schien zeitweise einfach nicht kontrollierbar zu sein.«

Das neue Gerät wurde sowohl als Gleiter (hauptsächlich mit Wilbur am Steuer) als auch als Drachen geflogen, zeigte gleichwohl aber eine ärgerliche Zuneigung zum festen Boden und klatschte unmittelbar nach jedem Start gleich wieder auf die Erde zurück. Die Wrights versuchten das Dilemma mit sachlicher Überlegung zu lösen. Wo hatten sie Fehler gemacht? Hatten sie den Piloten zu weit vorn untergebracht? Immerhin schien es durchaus möglich, dass der Pilot das Flugzeug mit seinem Gewicht nach unter zog.

Das schwitzende Team wuchtete den Gleiter immer wieder den Big Hill hinauf. Es brauchte neun Versuche, bis sie eine befriedigende Leistung erzielt hatten. Zunächst wirkte der Gleiter noch unsicher und glitt flach über den sandigen Boden. Doch dann stieg er, sehr zur Freude der Männer, und schaffte einen Flug von 91 und einem halben Meter. Die Wrights waren zwar erleichtert, fühlten sich aber, was die Leistungsfähigkeit des Gleiters anging, keineswegs sicher. Weitere Versuche enthüllten dessen Neigung, derart abrupt zu steigen oder zu fallen, dass es aller Geschicklichkeit des Piloten bedurfte, ihn wieder sicher zurück auf

den Boden zu bringen. Damit war der Gleitflug zu einer Bewährungsprobe der heftigen Bewegungen des Höhenruders geworden, das die zwischen Steig- und Sturzflug völlig verwirrt einer torkelnde Maschine zu halten hatte. Obwohl die Wrights bislang von Unglücken verschont geblieben waren, stand doch außer Frage, dass jederzeit die Gefahr eines Absturzes oder katastrophalen Strömungsabrisses bestand.

Die Brüder befanden, dass irgendetwas bei den Flächen gewaltig falsch lief, und machten sich an die Arbeit, die Wölbung des Entenflügels zu reduzieren. Bei der Gelegenheit wurde auch gleich die Gesamtfläche von knapp 1,7 Quadratmetern auf etwas über 0,9 verkleinert.

Im Rahmen ihrer Versuche entdeckten sie dann auch eine der fundamentalen Eigenschaften von Flächenprofilen: Die Wölbung bewirkt eine Umkehr der Wanderung des Auftriebsschwerpunktes in dem Augenblick, da der Anstellwinkel verändert wird. Damit war die Lösung klar – die Wölbung der Flächen musste reduziert werden.

Die Wrights kehrten wieder zum Flächenprofil des Gleiters aus dem Jahr 1900 zurück. Bewerkstelligt wurde das durch ein Aufsetzen von Stützstreben auf der unteren Fläche und das Anbringen von Spanndrähten, die den mittleren Abschnitt der Rippen nach unten zogen – und der Erfolg stellte sich sofort ein.

Wilbur machte etwa dreißig Flüge, von denen der längste 17,5 Sekunden dauerte und ihn fast auf den Zentimeter 119 Meter weit brachte.

Als Chanute das Lager Anfang August besuchte, war er überaus beeindruckt vom Fortschritt der Wrights. Gerade Flüge ohne Querneigung waren den Brüdern inzwischen schon zur Alltäglichkeit geworden. Seine Geschicklichkeit

erlaubte es Wilbur sogar, während eines Fluges jedem Einschnitt und Buckel zu folgen. Chanute war begeistert. Die beiden Männer aus Ohio schienen den Luftraum erobert zu haben.

Aber die Brüder selbst wussten es besser. Sie hatten noch das Geheimnis des Kurvenfluges zu lüften.

Bislang waren Wilburs Versuche zu kurven nur von geringem Erfolg gekrönt gewesen. Sobald er eine Fläche neigte, um eine Kurve einzuleiten, bemerkte er stets ein merkwürdiges Beben, sobald die untere Fläche langsamer wurde. Gleichzeitig drohte die obere Fläche das Flugzeug in eine Drehbewegung zu ziehen, um etwas auszulösen, was zukünftige Piloten einmal als Trudeln beschreiben sollten – und genau das passierte auch Wilbur bei einer Gelegenheit. Glücklicherweise kam er dabei mit dem Schrecken davon, aber beide Brüder hatten erkannt, wie knapp sie dabei einem Unfall entgangen waren.

Gegen Ende des Flugprogramms des Jahres 1901 begann Wilbur das Verhalten des Flugzeugs in Kurven zu analysieren. In seinem Tagebuch vermerkte er, dass »...die nach oben genommene Fläche zurückzufallen scheint, sich vorher aber noch anhebt...«. Das war alles sehr verwirrend. Wilbur schrieb dazu an Chanute: »Die letzte Woche brachte keine großartigen Ergebnisse. Wir konnten aber wenigstens nachweisen, dass unsere Maschine nicht immer über der tiefer liegenden Fläche kurvte (d.h. kreiste). Dies ist ein völlig unerwartetes Ergebnis – ein Ergebnis, das unsere ganzen Theorien über den Haufen wirft, mit denen wir zu erklären versucht haben, was ein Kurven nach links oder rechts herbeiführen kann.«

Durch das Üben des Kurvenfluges entdeckte Wilbur das, was heute als gegenläufiges Giermoment bezeichnet wird.

Obwohl der Auftrieb an der angehobenen Fläche anfänglich größer ist als auf der gesenkten, erhöht sich aber auch deren Luftwiderstand. Die unterschiedlichen Widerstandskräfte versuchen das Flugzeug in die umgekehrte Richtung zu drehen, als die vom Piloten beabsichtigte, sobald die Rollbewegung eingeleitet wird.

Wilburs Versuche führten zur Anbringung einer senkrechten Schwanzflosse am nächsten Gleiter. Innerhalb von drei Wochen hatte Wilbur – der Theoretiker, Erfinder, Erbauer und Testpilot – zwei entscheidende Entdeckungen gemacht, die enorme Auswirkungen auf die Entwicklung des Flugzeugs haben sollten.

Spät im August reisten die Brüder in Hochstimmung, aber andererseits auch deprimiert nach Dayton zurück. Sie hatten zwar Fortschritte gemacht, doch ein Berg von Problemen, so hoch wie der Mount Everest, bedrückte sie immer noch. Wieder und immer wieder überprüften sie ihre Daten und kamen letzten Endes zu einem schockierenden Ergebnis: Lilienthals Daten waren falsch. Es war ihnen, als ob sie damit das Gesetz der Schwerkraft in Frage gestellt hätten.

Wilbur enthüllte seine Ergebnisse kurz nach der Rückkehr nach Dayton vor einer Versammlung der Western Society of Engineers. Er erklärte dabei auch ihr vorn liegendes Höhenruder und die Flächenverwindung, allerdings sind Zweifel angebracht, ob die Zuhörer überhaupt die Bedeutung dessen verstanden, was er da von sich gab. Wilbur konnte öffentliche Vorträge nicht ausstehen und hasste geradezu den Gedanken, vor einer Zuhörerschaft professioneller Ingenieure aufzutreten. Er gab sich größte Mühe mit seiner Kleidung und lieh sich dafür eins von Orvilles Hemden, den dazugehörigen Kragen und Manschettenknöpfe aus – und reiste zu diesem Treffen sogar im Mantel seines Bruders an. Das Publikum reagierte begeistert, aber einige von ihnen dürften mit Sicherheit Wilburs Behauptung, der hochgeachtete Herr Lilienthal habe mit seinen Berechnungen völlig falsch gelegen, stark bezweifelt haben.

Trotzdem setzte Wilbur selbst größtes Vertrauen in seine Thesen. Schließlich hatte er zusammen mit Orville in sorgfältig durchgeführten Versuchen eigene Daten entwickelt. Eine der Methoden, die sie hierzu benutzten, bestand in einer Modifizierung ihrer Fahrräder, indem sie ein horizontales Rad unmittelbar über dem Vorderrad befestigten. Um die Auswirkungen des Windes auf verschiedene Flächen zu vergleichen, fuhren sie das Fahrrad mit verschiedenen Flächenprofilen, die sie auf dem horizontalen Rad befestigten. Obwohl das alles noch sehr grob gestaltet war, hatten sie

doch einen Punkt, von dem sie ausgehen konnte, um ihren Windkanal zu entwickeln.

Dieses tunnelartige Instrument war von unschätzbarem Wert. Obwohl keinesfalls der erste Windkanal der Geschichte, war er doch der erste, mit dem für die Luftfahrt bedeutende Ergebnisse erzielt wurden. Er war knapp 1,85 Meter lang und 40 x 40 Zentimeter breit und hoch. Oben verfügte er über eine Glasfläche, durch die man die Versuchsanordnung beobachten und die Kräfte und Momente, die auf die Modellflügel und Leitwerke wirksam wurden, messen konnte. Der Wind wurde durch eine kleine Verbrennungsmaschine geliefert, die von den Brüdern ursprünglich gebaut worden war, um eine Drehbank, eine Rotationspresse und eine Säge anzutreiben. Ein wabenförmiges Gerät kanalisierte den Wind, nachdem dieser verstärkt und stark verwirbelt aus dem Gebläse trat.

Der Flächen- oder Leitwerksabschnitt, der getestet werden sollte, wurde am gegenüberliegenden Ende des Tunnels befestigt. Die Größenordnung der Bewegung war ein genauer Indikator für die Summe des Auftriebs, der jeweils durch die unterschiedlichen Querschnittsprofile geliefert wurde. Zusätzlich konnte auch die Summe der Widerstände genau gemessen werden.

Die Brüder kontrollierten die Bedingungen, unter denen die Versuche abliefen, äußerst penibel. Als Maßstab dafür, wie genau sie jeden Versuch unter genau denselben Bedingungen ablaufen lassen wollten, kann allein schon die Tatsache gewertet werden, dass keine größeren Objekte im Raum, wie zum Beispiel Möbel, an eine andere Stelle bewegt werden durften. Die Bedingungen hatten bei jedem Test identisch zu sein. In Laufe von zwei Monaten testeten sie rund zweihundert Tragflächen, indem sie Streckung, Flächenformen, Doppeldecker- und Eindecker-Konfigurationen miteinander verglichen. Als das Jahr zu Ende ging, verfügten sie über alle Daten, auf deren Grundlage sie für die nächsten zehn Jahre ihre Flugzeuge entwerfen zu können meinten. »Ich glaube«, schrieb Orville später, »wir besaßen mehr Daten über gewölbte Tragflächen, und zwar gleich in mehr als hundertfacher Ausführung, als sämtliche unserer Vorgänger zusammen.«

Mit dieser Vermutung lag er ohne Zweifel richtig. Unglücklicherweise diskutierte Octave Chanute, unbestritten in guter Absicht, völlig offen den Fortschritt der Arbeit der Brüder mit seinen Ingenieurskollegen – was in späteren Jahren dazu führte, dass sich die Wrights wünschten, ihre Geheimnisse für sich behalten zu haben.

Der Windkanal

Als die Gebrüder Wright im Jahr 1900 mit der Arbeit an ihrem ersten Gleiter begannen, stützten sie sich in erster Linie auf das von Otto Lilienthal veröffentliche Forschungsmaterial in Verbindung mit Unterlagen über seine ausgedehnten Experimente, um den relativen Auftrieb und Strömungswiderstand zu erforschen, den unterschiedliche Flügelprofile lieferten. Indem die Wrights sein Datenmaterial – unter Einbeziehung einer als *Smeaton Koeffizient* bezeichneten Konstante – in eine Gleichung brachten, waren sie in der Lage, den zu erwartenden Auftrieb eines Tragflügels zu berechnen, der nach diesen Vorgaben geformt war. Im Laufe des Jahres 1901 gelangten sie jedoch zu der Erkenntnis, dass Lilienthals Daten falsch sein mussten, da ihre Gleiter immer noch nicht den Auftrieb lieferten, den die Brüder eigentlich erwartet hatten. Also blieb ihnen nichts anderes übrig, als eigene Experimente durchzuführen, und dazu brauchten sie einen Windkanal.

konnte, um für den Rest ihrer Laufbahn Flugzeuge und Propeller bauen zu können.

Im Laufe der Windkanal-Versuche rückte Wilbur ebenfalls von der Betrachtungsweise der Lilienthal'schen Daten ab. Als die beiden Brüder nämlich auf diese zurückgriffen, um einen Näherungswert zu bekommen, wie groß der Auftrieb ihrer Gleiter von 1900 und 1901 sein würde, gingen sie von einem Wert für den Smeaton Koeffizienten aus, der bei 0,005 lag. In dieser Größe war er im Jahre 1754 von Smeaton persönlich festgelegt, im Verlauf der nachfolgenden, anderthalb Jahrhunderte von anderen bestätigt und von Lilienthal zur Anwendung empfohlen worden. Diese Zahl war also für die Wrights ein Faktor, auf den sie meinten sich verlassen zu können und von dem sie niemals angenommen hätten, dass er falsch sein könnte. Aber wenn dieser Wert zu hoch lag, musste automatisch auch der Wert des prognostizierten Auftriebs zu hoch ausfallen.

Auf diesem Foto des Innenraums des Wright'schen Windkanals sind der von den Gebrüdern konstruierte Ausgleichsflügel und einige auf Tapeten angefertigte Skizzen zu erkennen, auf denen die Brüder ihre Beobachtungen protokollierten.

Die beiden Brüder verbesserten ihre Kenntnisse der auf der Fahrradtechnik basierenden aerodynamischen Balance und bauten zunächst ein Gerät, bei dem sie eine flache Platte mit einem kleinen Testflügel verbanden. Während Lilienthal sich bei seinen Experimenten auf die unterschiedlichen Formen von Tragflügeln konzentriert hatte, sammelten die Wrights nicht nur Datenmaterial über Tragflächen, sondern auch über die unterschiedlichen Profile von Spanten und andere Strukturkomponenten – also über alles, was als Information dienen

Und er war tatsächlich falsch. Indem sie die Daten ihres Gleiters in voller Größe mit denen aus dem Windkanal zusammenführten, erhielten sie schließlich den richtigen Wert für den Smeaton Koeffizienten, nämlich 0,0033. Damit wurde mit einem Schlag klar, weshalb der Auftrieb ihrer Gleiter aus den Jahren 1900 und 1901 erheblich schlechter ausgefallen war als erwartet. Folglich waren Lilienthals Daten richtig gewesen, nur sein Wert für den Smeaton Koeffizienten war falsch. Endlich mit der korrekten Umrechnungszahl ausgerüstet, konnten die Brüder damit beginnen, bessere Tragflächen zu entwickeln.

4 Eine Frage der Kontrolle

Der Gleiter der Wrights aus dem Jahr 1902 hatte eine Spannweite von 9,75 und eine Tiefe von 1,52 Metern. Die Versuche im Windkanal hatten erwiesen, dass ein langer, schmaler Flügel die effektivste Form hatte. Das neue Modell war das erste mit einem Hüftgestell, durch das das Verwindungssystem bestätigt werden sollte. Über einen separaten Hebel be-

wegte der Pilot mit der linken Hand die Horizontalflächen, also das Höhenruder. Es war eine mühsame Angelegenheit, die dem Piloten erhebliche Geschicklichkeit abverlangte – und in späteren Flugversuchen war sie tatsächlich für etliche Probleme verantwortlich. Für die damalige Zeit war dies jedoch das fortschrittlichste System, das es auf der Welt gab.

Ein doppeltes senkrechtes Leitwerk mit einer Oberfläche von etwas mehr als 1,1 Quadratmetern dehnte sich 1,2 Meter weit hinter den Tragflächen aus. Die Doppelflossen-Bau-

Wilbur mit dem Gleiter des Jahres 1902 über dem Lager.
Erheblich größer als das Vorjahresmodell, kam bei diesem Gleiter
ein Doppelruder zum Einsatz, das ein seitliches Wegrutschen des
Gleiters verhindern sollte.

weise war deshalb gewählt worden, um bei beginnendem seitlichen Schieben der Maschine einen Widerstand auszuüben, durch den die Flugzeugnase nach unten gedrückt wurde und die richtige Querneigung beibehalten werden konnte. Dieses Seitenruder war nicht beweglich.

In der zweiten Hälfte des Augusts kehrten die Brüder nach Kitty Hawk zurück und bauten die neue Maschine zusammen. Orville schrieb: »Wir sind überzeugt, dass die Schwierigkeiten mit der Maschine von 1901 durch das senkrechte Leitwerk gelöst sind.«

Mit dieser Vertrauensäußerung war er allerdings etwas vorschnell. Obwohl die senkrechten Leitwerke die Stabilität zu unterstützen schienen, stellte sich schnell heraus, dass sie eindeutig noch nicht die endgültige Lösung waren. Der Gleiter zitterte zuweilen immer noch so, als schreckte er vor dem, was passieren sollte, zurück. Dabei senkte sich eine Tragfläche und die Maschine begann gleichzeitig seitlich wegzuschieben. Sie verhielt sich, als befände sie sich auf glattem Eis. War es nur ein Pilotenfehler? Oder war vielleicht die ungewohnte neue Steuerung daran Schuld? Die Brüder führten ihre Versuche bis zum 23. September fort. Ab dann begannen erst die wirklich ernsthaften Schwierigkeiten.

Es war ein Tag wie jeder andere auf dem Sand. Der Gleiter mit Orville an der Steuerung flog gut. Doch plötzlich und völlig unfassbar ging alles schief, was wohl hauptsächlich darauf zurückzuführen war, dass Orville noch nicht vollständig mit dem neuen Steuersystem vertraut war. Die eine Fläche hob sich ein wenig zu hoch und er bewegte das Hüftgestell entsprechend – versäumte aber, gleichzeitig das vordere (Höhen-)Ruder abzusenken, und die Nase des Geräts stieg mit alarmierender Geschwindigkeit nach oben.

Wilbur fühlte, wie sein Herzschlag aussetzte, als er zusammen mit Dan Tate alles von unten mit ansehen musste. Der Gleiter rutschte wieder in eine dieser fürchterlichen seitlichen Schiebebewegungen weg. Binnen Sekunden begann die Maschine hilflos zu sacken und stürzte schließlich in den Sand. Keuchend rannten Wilbur und Tate zum Wrack. In ihren Vorstellungen geisterten fürchterliche Bilder von Orville, wie er ausgestreckt im Wrack lag, blutend, schwer

Oben: Nach Problemen bei den Versuchen mit dem starren Doppelruder schlug Orville vor, dieses durch ein bewegliches Schwanzelement zu ersetzen. Rechte Seite: Nachdem diese Veränderung durchgeführt war, hatte Wilbur die Möglichkeit, den Gleiter lateral zu steuern und ihn elegant in die Kurve zu legen.

verwundet. Oder vielleicht sogar noch schlimmer. Aber es kam anders. Orville zog sich bereits aus dem Trümmerhaufen heraus, als die anderen ankamen. Er war ohne einen Kratzer davongekommen. Nur seine Anzugjacke hatte einen winzigen Riss davongetragen. Das vorn liegende Höhenruder hatte die Hauptmacht des Aufpralls abgefangen, war dabei allerdings ernsthaft beschädigt worden.

Also gute Nachrichten und schlechte Nachrichten. Orville lebte und es ging ihm gut – aber der Gleiter hatte immer noch seine tödlichen Eigenarten. Während die Brüder mit dem Wiederaufbau des Gerätes begannen, diskutierten sie das Problem. Die Reparaturarbeiten nahmen nur wenige Tage in Anspruch, und am Morgen des 30. September traf auch Lorin, der ältere Bruder der beiden, in Kitty Hawk ein. Als begeisterter Zuschauer bewunderte er seine jüngeren Brüder, wie sie auf der Luft glitten. Zu ihrem großen Ärger mussten sie sich jedoch auf gerade Flüge auf ebenen Flächen beschränken, allenfalls ganz sanfte Kurven konnten sie ver-

suchen – aus Angst, wieder in diesen tödlichen Flugzustand zu geraten.

Sie diskutierten die Sache ohne Ende, analysierten das Flugverhalten der Maschine, hinterfragten jedes Detail ihrer Konstruktion. Schließlich konzentrierten sie sich auf die senkrechten Leitwerksflächen, waren sie doch die letzte Änderung, die sie am Gleiter angebracht hatten. Also versuchten sie es zunächst damit, eine der senkrechten Flossen wegzulassen, doch diese Maßnahme schien kaum einen Unterschied zu machen.

Ein weiteres Problem, das einen verrückt machen konnte, hielt sie während ihrer ganzen Entwicklungsarbeit in Atem. Sie verbrachten Stunden damit, Vermutungen anzustellen, wieder zu verwerfen, erneut zu bestätigen und doch wieder anzuzweifeln. Nach einer Marathonsitzung ging Orville ins Bett, weil ihm die Gedanken verschwammen. Er war müde, aber nicht in der Lage einzuschlafen. Zu viel Kaffee, sagte er sich, als er sich hinlegte. Am nächsten Morgen stand er zwar mit vor Schlaflosigkeit geschwollenen Augen auf, war aber voller Erregung über das, was er sich ausgerechnet hatte, und erklärte Wilbur und Lorin sogleich alles bis ins Detail.

Die seitliche Schiebebewegung, führte er aus, war also eine enttäuschende Eigenschaft, die sowohl dem Gleiter von 1901 als auch dem von 1902 innewohnte. Die Anfügung der senkrechten Flossen schien keine Verbesserung gebracht zu haben. Dafür gab es für ihn folgende Erklärung: Wenn die feststehenden senkrechten Flossen auf der Unterseite vom Fahrtwind angeströmt wurden, unterstützten sie die Drehbewegung, und ohne die senkrechten Flossen würde die Maschine in der anderen Richtung um diese Achse drehen. Die Antwort war die, erläuterte er zwischen dem einen oder anderen Bissen des Frühstücks, das Ruder einfach beweglich zu machen. Dann könnte der Pilot, sobald er eine Querneigung einleitete, den Ruderdruck anwenden, um die gefährliche Drehbewegung um die Hochachse auszugleichen.

Lorin gab später zu, dass er sicher war, dass Wilbur jetzt seinem Bruder widersprechen würde. Schließlich war das ein beliebtes Verfahrensmuster seiner beiden jüngeren Brüder, mit dem sie jedes Detail ausfechten konnten. Doch diesmal nickte Wilbur nur die ganze Zeit auf seine bedächtige und analytische Art, während er in sich aufnahm, was Orville beschrieben hatte. Orville erwartete Gegenargu-

»Wir haben so ziemlich alle Rekorde in der Gleichmäßigkeit von Gleitflügen gebrochen.«

Wilbur Wright an seinen Vater, 2. Oktober 1902

Linke Seite: Wilbur und Dan Tate fliegen den Gleiter von 1902 als Drachen. Linke Seite, Innenbild: Nachbauten des Wright'schen Drachens aus dem Jahr 1899 und des Einzelruder-Gleiters von 1902 zeigen, wie enorm die Fortschritte waren, welche die Brüder in der Konstruktionstechnik gemacht hatten. Oben: Obwohl Octave Chanute es schaffte, seinen Dreidecker als Drachen zu fliegen, hatten er und sein Assistent wenig Erfolg, als sie ihn als Gleiter zu fliegen versuchten (oben rechts).

mente und erhielt – ein Nicken. Wilbur fand seine Lösung gut. Sie konnte wirklich die Lösung ihres Problems sein. Aber warum sollte man den Piloten mit einer weiteren Kontrollmöglichkeit belasten? Wenn der Pilot schon unabdingbar das Ruder bei jeder Seitenneigung zusätzlich bewegen musste, warum dann nicht gleich die beiden Steuerungen miteinander kombinieren? Auf diese Weise würde sich das Ruder automatisch drehen, sowie der Pilot eine Kurve einleitete. Sie konnten es kaum erwarten, in die Werksatt zu kommen, um mit der praktischen Umsetzung der neuesten Veränderung zu beginnen. Schnell entfernten sie die zwei senkrechten Flossen des Gleiters und ersetzten sie durch ein einzelnes Ruder mit den Maßen 1,5 Meter mal 35 Zentimeter. Am Abend des 6. Oktober war der neue Gleiter fertig. In der Zwischenzeit war auch Octave Chanute mit seinem Assistenten Augustus Herring und einem neuen, mehrflügeligen Gleiter zurückgekehrt. Das Willkommen der Wrights muss wohl ein wenig kühl ausgefallen sein, da sie schließlich mit ihren eigenen Versuchen voll ausgelastet waren und nicht die Zeit hatten, auch noch andere zu unterhalten.

Mit der Zeit waren die Brüder immer geschickter geworden, was das Fliegen des Gleiters anging, und manövrierten ihn mit größtem Selbstvertrauen. Im Gegensatz dazu durchlebten Chanute und Herring mit ihrem Gleiter eine fürchter-

liche Zeit. Das mühselig zu handhabende, vielflächige Gerät, das sie da gebaut hatten, weigerte sich beharrlich, mehr zu leisten, als mutlos von einem Start zum nächsten zu hüpfen. Am 11. Oktober schrieb Orville in sein Tagebuch: »Mr. Herring hat entschieden, es sei völlig nutzlos, noch weitere Versuche mit dem Mehrdecker durchzuführen.« Und er fügte hinzu: »Ich glaube, die hauptsächliche Schwierigkeit mit einem solchen Gerät lag in der strukturellen Schwäche. Ich habe bemerkt, dass die Flächen schon bei Windstärken, die noch nicht einmal zu deren Unterstützung ausreichten, schlimm verdreht wurden, und zwar auf eine Art und Weise, dass während der Wind an einem Ende die Unterseite traf, er sich häufig am Ende einer anderen Fläche oben befand. Mr. Chanute scheint über die Funktionsweise sehr enttäuscht zu sein.«

In den letzten Oktoberwochen flogen die Brüder etwa 1000 Mal. Ein Flug dauerte 26 Sekunden, und mehrere erstreckten sich über Entfernungen von über 180 Metern. Mit jedem Tag gewöhnten sie sich mehr an ihr Steuersystem, und als der Monat zu Ende ging, waren sie zu geschickten Piloten geworden, die fast alle Bedingungen den Umständen gemäß meistern konnten.

Jetzt war für sie die Zeit gekommen, ernsthaft über eine Motorisierung des Fluggerätes nachzudenken.

5 Die Kraft von zweien

»Wir denken darüber nach, eine Maschine zu bauen, die eine Oberfläche

von 46,5 Quadratmetern haben wird…

Wenn alles gut geht, wird der nächste Schritt sein, einen Motor einzubauen.«

Wilbur Wright an George Spratt, 29. Dezember 1902

Wilbur und Orville erörterten die Motorisierung auf dem ganzen Weg zurück nach Dayton. Ihre Zweifel waren verflogen wie ein Wölkchen Rauch in einer Brise auf den Outer Banks. Sie hatten jetzt das Flugzeug. Es flog gut und war voll steuerbar. Darüber hinaus hatten sie sich, ihrer Ansicht nach, mit ihren Untersuchungen an die Spitze der übrigen Welt gearbeitet. Unglaublich. Aber wahr.

Nun war die Zeit reif, daran zu denken, wie sie das schützen konnten, was sie geschaffen hatten. Zu viele Leute waren inzwischen auf die Wrights und ihre Erfolge aufmerksam geworden und die Gefahr vergrößerte sich zusehends, dass andere Luftfahrer ihre Ideen »borgen« könnten. Bereits jetzt experimentierte ein französischer Heeresoffizier namens Ferdinand Ferber mit Gleitern herum, die auf dem Entwurf der Wrights basierten. Chanutes Vorträge hatten in Frankreich viel von dem preisgegeben, was die Brüder aus Dayton entwickelt hatten. Jetzt wurden die Wrights langsam in der kleinen Gemeinschaft der aeronautischen Experimentierer zu gut bekannt. Samuel Langley hatte bereits mit der Bitte um Informationen über ihre »besonderen, gewölbten Flächen« und ihr Steuersystem an die Gebrüder Wright geschrieben. Warteten etwa andere nur darauf, begierig von dem zu profitieren, was die Wrights geleistet hatten?

Kaum waren die Brüder zurück in Dayton, begannen sie mit der Suche nach einem passenden Benzinmotor, der ihr Flugzeug antreiben sollte. Sie schrieben an ein Dutzend Firmen, welche die noch junge Automobilindustrie repräsentierten. Doch deren Antworten waren entmutigend. Alle verfügbaren Motoren schienen viel zu schwer zu sein und dabei noch nicht einmal genug Leistung zu erbringen. Keiner der Angeschriebenen baute die Sorte von Motor, die sich die

Wrights vorstellten – und darüber hinaus besteht kaum ein Zweifel, dass die Autobauer keine große Lust zu haben schienen, in so etwas »Verrücktes« wie Luftfahrtprojekte eingebunden zu werden.

Typischerweise entschieden sich die Wrights daher, ihre eigene Maschine zu bauen. Glücklicherweise arbeitete ein hochtalentierter junger Mechaniker namens Charles E. Taylor als Angestellter in ihrem Fahrradgeschäft. Er schrieb später: »Als Erstes bauten wir als Experiment eine Art Skelett-Modell, damit wir sehen konnten, wie die verschiedenen wichtigen Einzelteile funktionierten, bevor wir uns an irgendetwas von größerer Tragweite wagen wollten. Orv und Wil waren in dieser Vorgehensweise ziemlich gründlich – sie nahmen nichts als gegeben hin und erarbeiteten zu allem, ohne dabei unnötige Hast an den Tag zu legen, eine praktikable Lösung. Meiner Meinung nach hatte dies eine Menge mit ihrem späteren Erfolg zu tun.«

Dann fuhr er fort: »Sowie wir den Skelett-Motor zusammengesetzt hatten, verbanden wir ihn mit dem Stromanschluss im Laden, schmierten den Zylinder mit einem in Öl getauchten Farbpinsel ein und beobachteten die verschiedenen Teile in ihrer Bewegung.« Dann fügte er noch im Nachsatz hinzu: »Es sah gut aus und so fingen wir gleich mit der Konstruktion einer Vierzylindermaschine an. Ich schnitt die Kurbelwelle aus einem einzigen gut 45 Kilogramm schweren Stahlblock. Als die Welle fertig war, wog sie gerade noch 8,6 Kilogramm. Da wir keine Zündkerzen hatten, verwendeten wir an deren Stelle das alte Zünd-Unterbrechersystem (wobei der Funken durch das Öffnen und Schließen von Kontaktpunkten innerhalb des Zylinders erzeugt wird). Die Benzinpumpe montierten wir an die Nockenwelle, und

Nahaufnahmen des Wright'schen Flyer von 1903 im Smithsonian Institute in Washington zeigen die Positionierung des original Vierzylinder-Motors (links). Die 12 PS leistende Maschine trieb einen Zwillingspropeller über Kettenantriebe, die einfach aus normalen Fahrradketten bestanden.

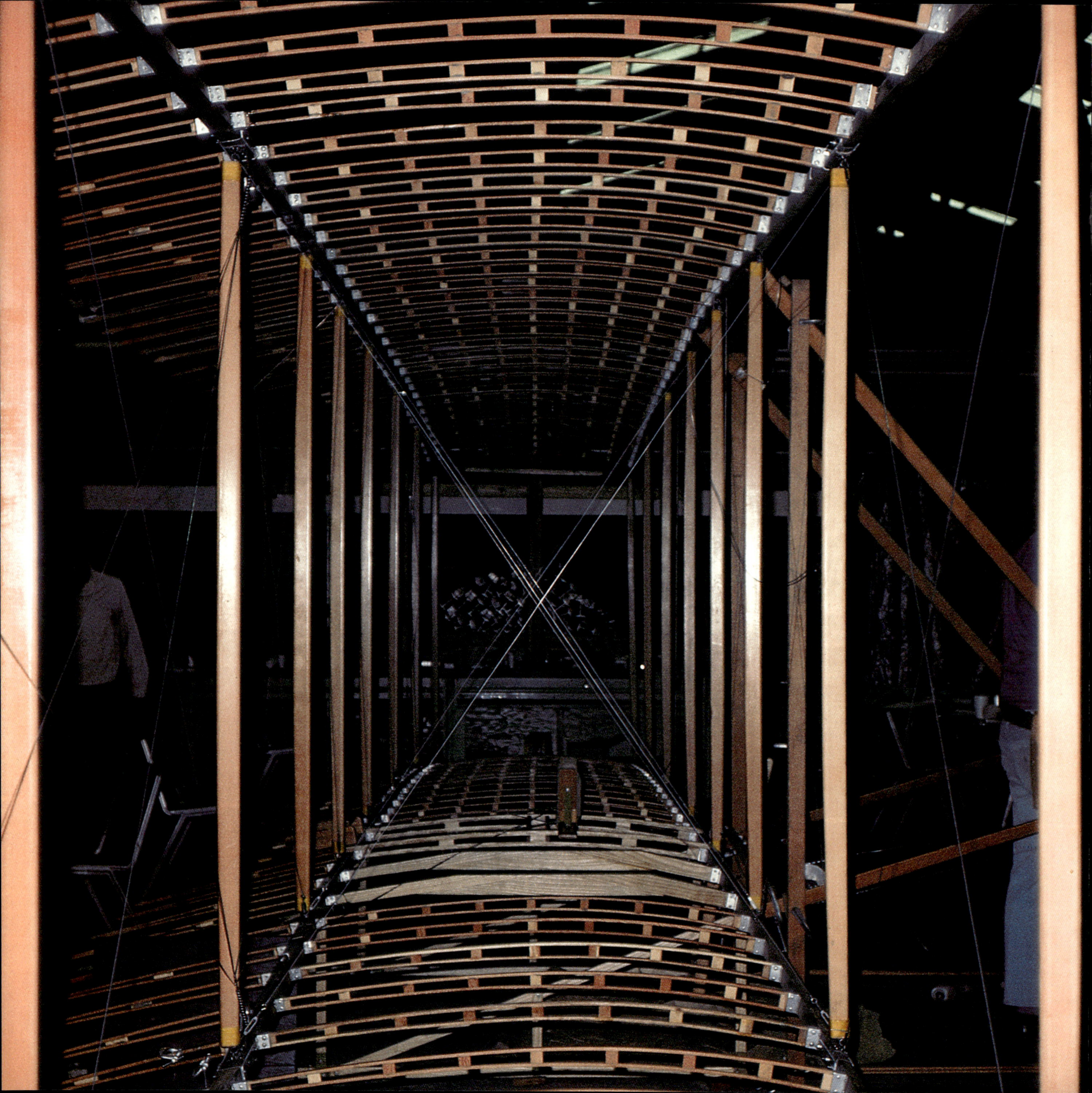

das Benzin wurde in die Kammer über den erhitzten Wasserkühlmantel eingeführt und verteilt, wodurch es sofort verdampfen konnte…«

Was dabei herauskam, war eine urwüchsige Maschine. Aber sie funktionierte – nachdem sie sich zu Anfang einige wenige technische Ausrutscher geleistet hatte. Im Februar 1903 brachten Wilbur und Orville die Maschine für einen Probelauf in den Laden – und sie erwies sich als Flop. Die Lager fraßen fest und erzeugten Risse im Kurbelgehäuse. Sofort wurde ein neuer Abguss bestellt, und im Mai lief die Maschine dann zufriedenstellend.

Die Brüder waren sich völlig darüber im Klaren, dass jetzt Eile geboten war. Langley ließ sich gerade in Washington für sein *Aerodrome* einen neuen, vom U.S. Militär finanzierten Motor bauen. Zwar waren den Wrights nur bruchstückhafte Berichte über Langley und sein Flugzeug zu Ohren gekommen, aber sie erkannten in ihm einen ernsthaften Konkurrenten.

Gleichzeitig beschäftigten sich die Brüder auch mit der Zelle ihres Flugzeugs, wobei sie die Spannweite auf 12,32 Meter und die Flächentiefe auf 2 Meter vergrößerten. Die neue Maschine sollte die größte werden, die sie bislang konstruiert hatten, und Flügelrippen aus langen, dünnen Streifen bekommen, zwischen die der längliche Holm eingebaut werden würde, um Gewicht zu sparen. In ihrer peniblen Art hatten sie sogar mit den Stützstreben zwischen den Tragflächen Versuche im Windkanal angestellt.

Für den Entwurf der Propeller, die ihr Flugzeug antreiben sollten, erwarteten sie kaum Schwierigkeiten. Schließlich hatte man Propeller schon seit geraumer Zeit benutzt, um Schiffe anzutreiben – und schließlich waren sie auch seit Mitte des 19. Jahrhunderts bei Ballons verwendet worden, als Henri Giffard den ersten kontrollierten und motorisierten Flug der Geschichte durchführte. Er hatte einen dreiblättrigen Propeller benutzt und eine Geschwindigkeit von acht Kilometern in der Stunde erreicht. Als die Wrights jedoch die verfügbaren Propeller untersuchten, waren sie schockiert. Bislang hatte niemand Forschungen mit diesem Gegenstand betrieben, weshalb es auch keinen Menschen gab, der ihnen mit Ratschlägen hätte zur Seite stehen können. Taylor erinnerte sich: »Ich glaube, dass Wil und Orv mit den Propellern schließlich die größten Probleme lösen mussten. Sie hatten alles gelesen, was bislang über Propeller veröffentlicht worden war, konnten aber keine Formel für das, was sie brauchten, finden. So mussten sie ihren eigenen Propeller entwickeln.«

Schiffspropeller waren in erster Linie nach dem Prinzip von Versuch und Irrtum entwickelt worden. Die Wrights entwickelten die Theorie, dass eine Luftschraube im Grunde eine Art Tragfläche war – und genau wie ein Flügel Druckunterschiede generiert: also einen höheren Druck auf der Rückseite des Blattes erzeugte als auf dessen Vorderseite, ebenso wie die Tragfläche einen höheren Druck auf ihrer Oberseite verursacht als darunter. Später schrieb Orville: »…nichts am Propeller selbst oder in dem Medium, in dem er sich bewegt, ruht auch nur für einen Moment. Der Schub hängt von Geschwindigkeit und Windstärke ab, mit der die Luft auf das Blatt trifft. Der Winkel wiederum, mit dem das Blatt auf die Luft trifft, hängt von der Geschwindigkeit ab, mit der sich der Propeller dreht, die Maschine sich vorwärts bewegt, und mit welcher Geschwindigkeit die Luft nach hinten abfließt. Der Luftabfluss hängt umgekehrt wieder vom Schub des Propellers und der Menge von Luft ab, auf die eingewirkt wird. Wenn sich nur eine dieser Komponenten ändert, werden damit zwangsläufig auch alle anderen verändert, da sie alle in Beziehung zueinander stehen.«

Während andere einfach Propeller an ihren Schöpfungen befestigten und das Beste hofften, begannen die Wrights, Maschine und Propeller bis zu einem Grad aufeinander abzustimmen, wie es noch nie zuvor versucht worden war – ein weiterer Grund, um den anhaltenden Mythos zu entkräften, die Gebrüder Wright wären lediglich ein Paar ungebildeter Fahrradmechaniker gewesen, die rein zufällig über die Geheimnisse gestolpert wären. Allein das, was sie in der Entwicklung von Propellern erreichten, war außergewöhnlich. Und dies war keineswegs das Ergebnis von Zufälligkeiten, sondern das Resultat unermüdlicher Arbeit. Und sie arbeiteten jeden Tag. Und sie stritten. Und zwar über jedes einzelne Detail.

Charlie Taylor schrieb: »Die Jungs hatten beide ihre Zornesausbrüche, aber egal wie wütend sie auch wurden, hörte ich nie ein Schimpfwort aus ihrem Mund… Die Jungs arbeiteten in jenen Tagen an einem Haufen Theorien, und gelegentlich gerieten sie in heftigen Streit. Dabei schrien sie

Der Flyer, *den die Wrights 1903 bauten, hatte bereits flache Tragflächen, die aus leichtgewichtigen Spanten und dazwischen eingelassenen Längssparren bestanden, um Gewicht zu sparen. Der Nachbau dieser Tragflächen (linke Seite) wurde vom Autor Fred Culick zusammen mit den Mitgliedern des* Wright Flyer Project *rekonstruiert.*

sich auch fürchterlich an. Ich glaube, dass sie dabei eigentlich nie wirklich böse aufeinander wurden, aber mit Sicherheit ging es heiß her.

Eines Morgens, nach der schlimmsten Auseinandersetzung, die ich jemals zwischen den beiden gehört hatte, kam Orv herein und sagte, dass er seiner Einschätzung nach wohl doch daneben gelegen habe und sie es nun doch so machen sollten, wie Wil gesagt hatte. Wenige Minuten später kam dann Wil herein und erklärte seinerseits, dass er sich alles noch einmal überlegt hätte und dass Orv vielleicht doch Recht hätte.« Schließlich fingen die Brüder an, die Angelegenheit erneut zu diskutieren, wobei sie nun den jeweiligen Standpunkt des anderen einnahmen!

Doch wie weit hatten sich die Wrights inzwischen eigentlich schon vom Rest der Meute abgesetzt? Ein Anzeichen für ihren Vorsprung ist die Tatsache, dass die führenden französischen Flieger wie Henri Farman, Henri Voisin, Ferdinand Ferber und Léon Delagrange Jahre nach den erfolgreichen Flügen von Kitty Hawk immer noch rein empirische Methoden anwendeten, um den besten Propeller für ihre Flugzeuge zu finden. Nicht ein einziger Konstrukteur versuchte auch nur ansatzweise die wissenschaftlichen Methoden der Wrights zu übernehmen. Wilbur und Orville hatten das Zentrum des Druckes ihrer Propeller sorgfältig vermessen und auf einem Punkt gefunden, der fünf Sechstel der Entfernung zur Nabe betrug. Mit der Höhe der Maschine über dem Boden im Hinterkopf wählten sie Propeller mit einem Durchmesser von 2,59 Metern. Sie errechneten, dass sie mit zwei langsamer drehenden Propellern mehr Luft bewegen konnten als mit nur einem schnell drehenden. Es ist besonders interessant festzustellen, dass sie die zwei Propeller gegenläufig vorsahen – also ineinander drehend –, um ihren Drehmomenten zu begegnen. Diese bemerkenswert fortschrittliche Idee sollte erst in den späten dreißiger Jahren wiederentdeckt werden, als so moderne Flugzeuge wie die P-38 Lightning erschienen. Die Formel der Wrights machte es möglich, die Leistung von Propellern mit erstaunlicher Genauigkeit vorherzusagen.

Ihren ersten Propeller schnitzten die Brüder mit Stechbeitel und Ziehmesser aus einem Holzblock, mit einer vom Zentrum ausgehenden Abnahme der Steigung der Blätter, und testeten ihn an einem 2 PS starken Motor hinter dem Fahrradladen. Da bis dahin alles gut gelaufen war, begannen sie nun mit der Entwicklung der richtigen Propeller für das Flugzeug. Diese sollten aus drei verleimten Lagen Spruce geformt werden und die Spitzen würden eine Verstärkung durch eine Abdeckung mit leichtem Segeltuch bekommen.

Jahre später sollten genauere Tests den Nachweis erbringen, dass ihre Propeller eine höhere Effizienz als nur 70 Prozent besaßen. In anderen Worten wurden zwei Drittel der 9 PS, die am Propeller angelegt wurden, in Schub umgesetzt, was fast genau dem Wert entsprach, den die beiden Brüder berechnet hatten.

Es waren aufregende Zeiten. Die Wrights hatten fast alle größeren Probleme des angetriebenen Fluges gelöst. Nun mussten sie nur noch die Früchte ihrer Arbeit auf die ausgewachsene Maschine übertragen.

Wilbur war sehr unnachgiebig, was Gespräche anging, um zu vermeiden, dass etwas über ihre Ergebnisse in der Öffentlichkeit verlautbart wurde. Bei einem Vortrag anlässlich eines weiteren Treffens der Western Society of Engineers beeindruckte er die Zuhörer mit Details ihrer Versuche im Jahr 1902, sorgte gleichzeitig aber auch mit Kritik an Maxim und Langley für hochgezogene Augenbrauen, was Wilbur allerdings nichts ausmachte, schließlich wusste er, dass seine Kritik völlig begründet war, auch wenn die Zuhörer dies nicht nachvollziehen konnten. Er verfügte über Zahlen, mit denen er alles zu belegen vermochte. Das Interesse der kleinen Gemeinschaft von Luftfahrtpionieren an den Versuchen der Brüder wuchs nicht nur in den Vereinigten Staaten, sondern auch im Ausland. Octave Chanute fragte die Brüder immer wieder, ob nicht der eine oder andere seiner Bekannten nach Kill Devil Hills reisen dürfe, um ihre Fortschritte zu begutachten. Besonders irritierend für die Wrights war die Möglichkeit, dass Augustus Herring wieder auftauchen könnte. Er hatte sich im vergangenem Jahr zu einem ärgerlichen Störfaktor entwickelt. Ein weiteres Individuum, das sie lieber nicht sehen wollten, war der leicht erregbare französische Heeresoffizier Ferdinand Ferber, der Gleiter von den Wrights kaufen wollte. Die Brüder fanden, dass sie wirklich Wichtigeres zu tun hatten.

Am Mittwoch, dem 23. September 1903, verließen sie Dayton und machten sich auf den Weg nach Elizabeth City.

Ohne Zugang zu den Arbeiten anderer Ingenieure oder Wissenschaftler gehabt zu haben, entwarfen und bauten Orville und Wilbur höchst effektive Propeller für ihr Flugzeug. Sie erkannten, dass sie den Propeller etwa wie eine in Bewegung befindliche Tragfläche betrachten mussten, da er den gleichen aerodynamischen Kräften ausgesetzt war. Rechte Seite: Den Triumph von Anmut und Technik hielt Dan Patterson in seiner Fotografie der Propeller des Flyer von 1905 fest.

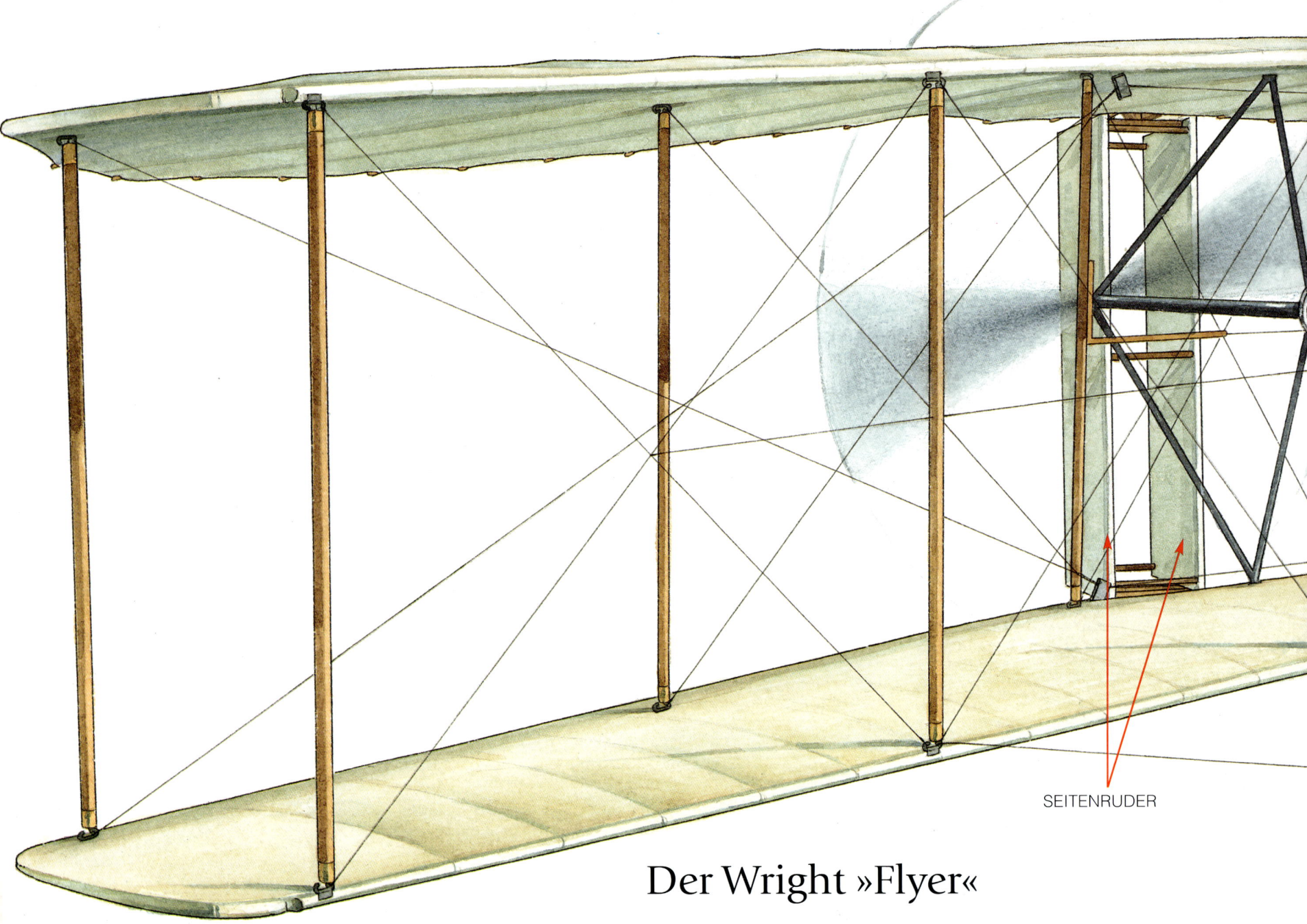

SEITENRUDER

Der Wright »Flyer«

Mit seinem Motor, den Propellern und den massiv verstärkten Tragflächen repräsentierte das von den Gebrüdern Wright im Jahre 1903 gebaute Flugzeug einen erstaunlichen Fortschritt gegenüber den vorausgegangenen Gleitern. Der *Flyer* von 1903 war fast 250 kg schwerer als die Gleiter und die Belastbarkeit der Tragflächen lag pro Quadratmeter fast doppelt so hoch. Es war nun nicht länger möglich, die Flugmaschine vom Kamm eines Hügels aus starten zu lassen – sie brauchte eine sehr lange Startschiene, um sich in die Lüfte zu erheben. Die Gebrüder Wright waren außerordentlich methodisch vorgehende Arbeiter, doch man kann davon ausgehen, dass auch sie ihr Werk mit einiger Beklommenheit betrachtet haben. Im Gegensatz zu heutigen Testpiloten konnten die Wrights nicht auf Hochgeschwindigkeits-Rollversuche und erste vorsichtige Abhebeversuche zurückgreifen, um sich mit den Bedienungseigenheiten ihrer Maschine vertraut zu machen. Ihre ersten Versuche mit laufenden Propellern waren von vornherein darauf ausgelegt, abzuheben und zu fliegen.

Der Flyer *von 1903 ist im National Air and Space Museum in Washington ausgestellt. Rechte Seite, links: Die Maschine besaß ein doppeltes Höhenleitwerk zur Beherrschung der Nickbewegungen. Rechte Seite, rechts: Hier sind Motor, Kühler und das charakteristische Durchhängen der Flügel zu ihren Spitzen hin gut zu erkennen.*

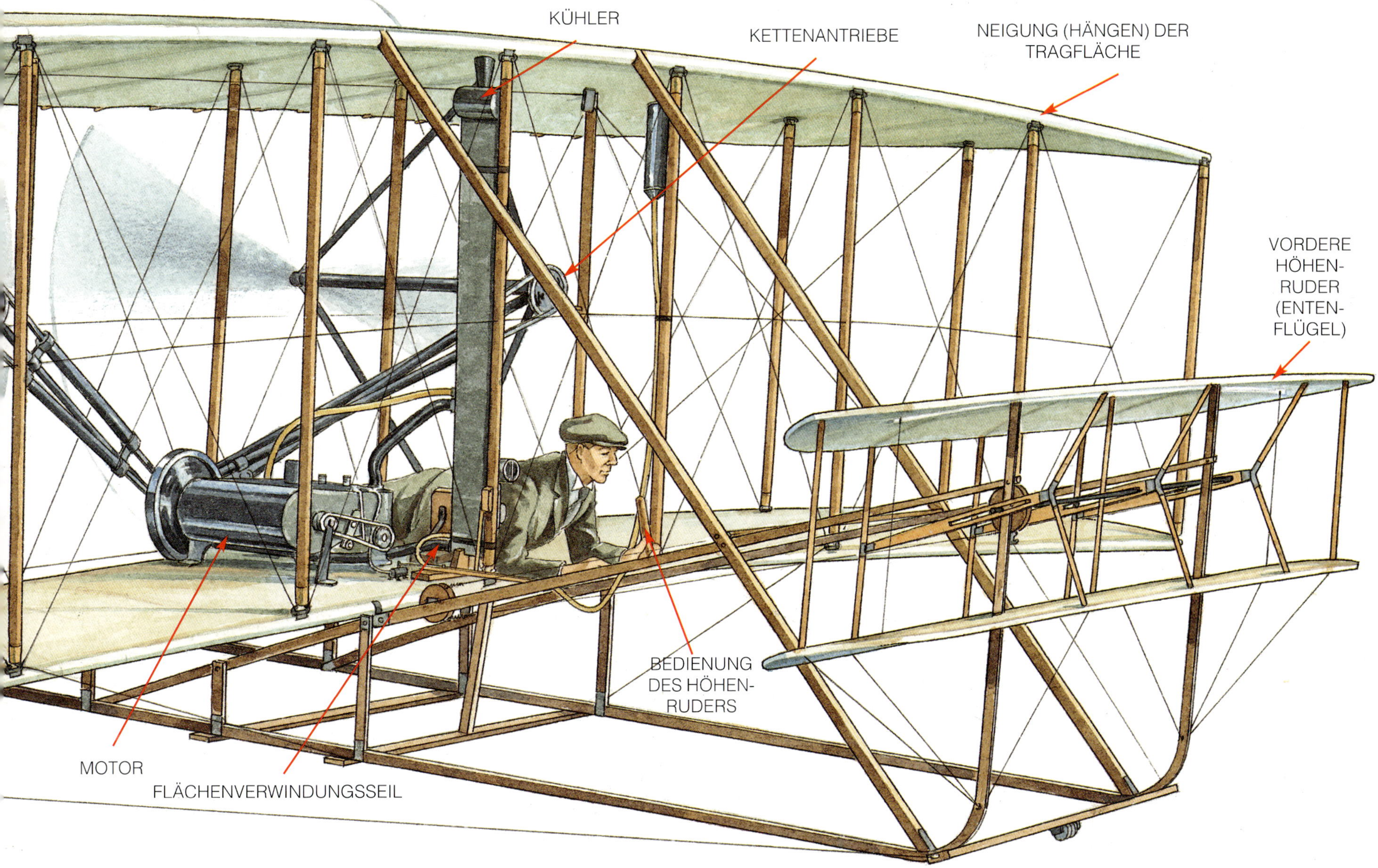

KÜHLER

KETTENANTRIEBE

NEIGUNG (HÄNGEN) DER
TRAGFLÄCHE

VORDERE
HÖHEN-
RUDER
(ENTEN-
FLÜGEL)

BEDIENUNG
DES HÖHEN-
RUDERS

MOTOR

FLÄCHENVERWINDUNGSSEIL

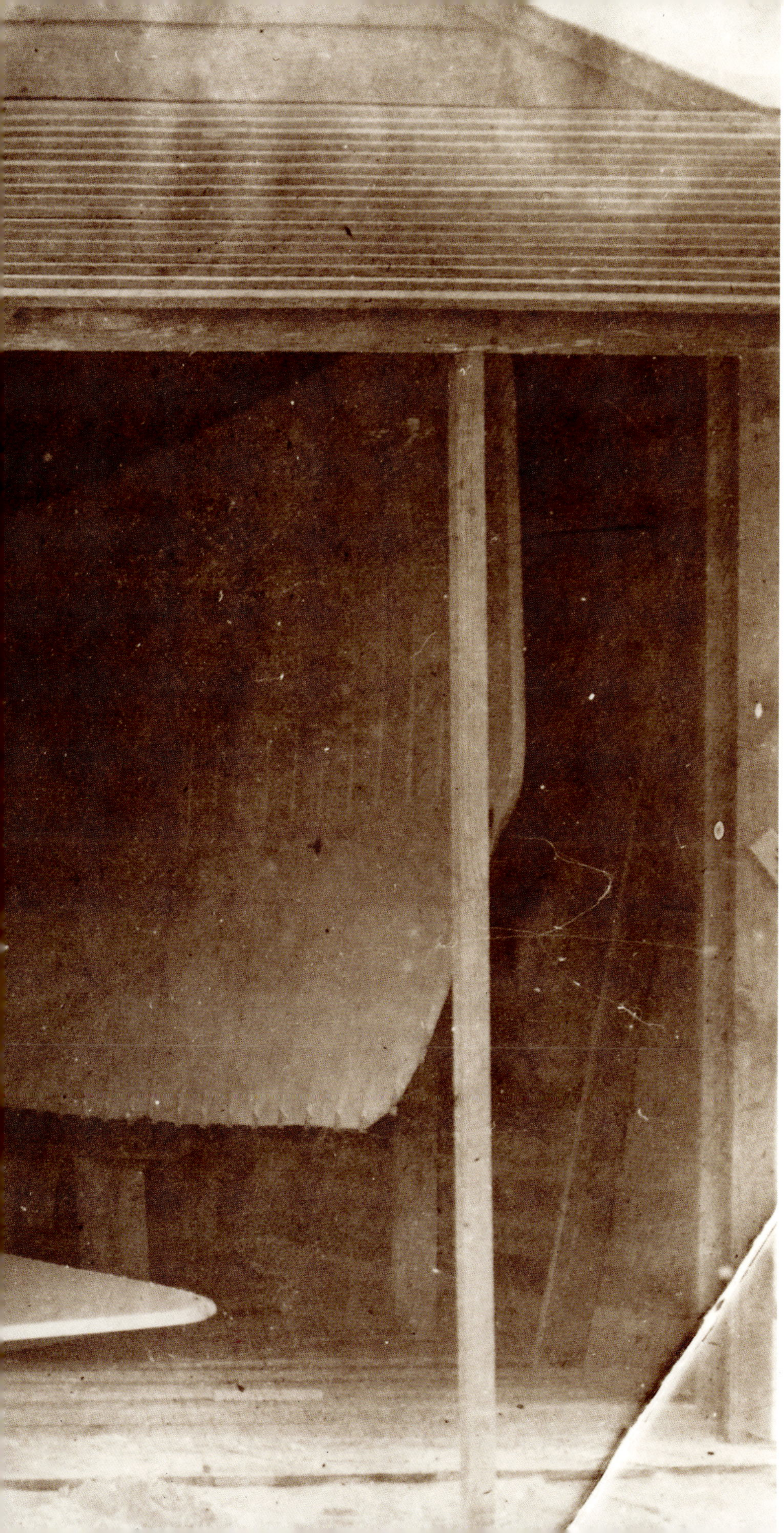

Zeit der Versuche

Während der langen Reise an die Ostküste gingen die Brüder noch einmal sämtliche Details ihres Flugzeugs durch. Sie hatten vollstes Vertrauen zu ihren Berechnungen; das Flugzeug hatten sie mit eigenen Händen gebaut und zweifelten nicht daran, dass es fliegen würde.

Die Aussichten waren also rosig, wäre da nicht Samuel Langley gewesen. Gerüchten zufolge war der Sekretär des Smithsonian fast so weit, sein eigenes Flugzeug, das gewaltige *Aerodrome*, zu testen, das von Charles Manly, einem 22-jährigen Ingenieur, geflogen werden sollte.

Dieser hatte sich durch seine ausgezeichnete Arbeit bei der Modifikation und Leistungssteigerung des Umlaufmotors der New Yorker Firma von Stephen M. Balzer einen guten Ruf erworben. Unglaublicherweise hatte Manly aber keinerlei Erfahrung als Pilot, war noch nicht einmal mit einem Gleiter geflogen. Offensichtlich hatte er vor, sich das erforderliche Können während des Fluges anzueignen.

Doch worin lagen die Unterschiede zwischen dem *Aerodrome* und dem *Flyer* der Wrights? Die Brüder waren davon überzeugt, dass ihr Entwurf dem von Langley weit überlegen war, obwohl dieser mit ungeheuren öffentlichen Mitteln für das Militär gebaut worden war. Hier standen mehr als 50 000 Dollar den wenigen Hundert Dollar gegenüber, die von den Gebrüdern Wright für den *Flyer* aufgewendet worden waren. Die wichtigste Frage war aber, welches Flugzeug würde als erstes mit eigener Kraft in die Luft abheben?

Als die Wrights im August 1903 in die Kill Devil Hills zurückkehrten, waren die Gebäude noch erstaunlich intakt, obwohl in jenem Jahr extrem schlechte Wetterverhältnisse geherrscht hatten. Linke Seite: Orville, vorn im Bild, arbeitet am Zusammenbau des neusten Flyer. Linke Seite, Innenbilder: Der rekonstruierte Flugzeugschuppen und das Wohnquartier, wie sie heute aussehen.

Obwohl man das Wohnquartier (links) in Kill Devil Hills eher als spartanisch bezeichnen kann, war die Küche (oben) gut mit Vorräten bestückt. Ein Stuhl in der Nähe des Ofens (unten) und die Kojen unter dem Dachgesims boten zumindest etwas Komfort am Ende eines langen Tages in den windigen Dünen.

Die Brüder kamen am 28. August in Kill Devil Hills an und fanden zu ihrer Erleichterung alles in scheinbar guter Ordnung vor – mit Ausnahme des Holzschuppens, der mehrere Fuß näher am Wasser stand als im vergangenen Jahr. Dan Tate berichtete, das Wetter sei in ihrer Abwesenheit bemerkenswert ruppig gewesen. Es hätte heftige Stürme gegeben und Gewitter mit Blitzen »…so fürchterlich, dass die Nacht zum Tage wurde…«, wie Orville Katharine berichtete. Der Gleiter von 1902 hatte dabei jedenfalls keine Schäden abbekommen. »Wir halten die alte Maschine bereit, um an Tagen mit guten Winden zu üben, und werden an regnerischen und windstillen Tagen an der neuen Maschine arbeiten«, fügte er hinzu. »Die Hügel sind für Gleitflüge in besserem Zustand als je zuvor und die ganze Angelegenheit läßt sich viel positiver an als in den ganzen Jahren zuvor.«

Die Wrights begannen ihre neue Saison mit Versuchen, ohne Vorwärtsbewegung nur in der Luft zu hängen, so wie es nach ihren Beobachtungen die Bussarde und Habichte mit Leichtigkeit schafften. Unter voller Ausnutzung der Steuerung, über die sie jetzt verfügten, merkten sie, dass auch sie selbst fast bewegungslos mit ihrem Gerät in der Luft schweben konnten. Orville stellte dabei mit einer Minute und 11,8 Sekunden einen Rekord auf. (Dieser Rekord wurde erst 1911 gebrochen – und der Mann, der das schaffte war Orville Wright.)

Mitte Oktober, als sie noch an der neuen Maschine arbeiteten, erfuhren sie von Langleys ersten bemannten Flugversuchen. Auf ein Katapult gekauert, das auf dem Dach eines Hausbootes montiert war, bewegte sich das Flugzeug zügig auf seinen Schienen – nur um auf direktem Weg ins Wasser zu tauchen. Der Pilot, Manly, hatte es aber geschafft, sich aus dem Wrack zu befreien. Die Zeitungen bekamen auf Langleys Kosten ihre Schlagzeilen. Eine schrieb beispielsweise, die Maschine sei »… wie eine Hand voll Mörtel« geflogen und beklagte die monströse Verschwendung öffentlicher Gelder.

Glücklicherweise mussten sich die Wrights, während sie ihre Versuche durchführten, nicht über Zeitungsreporter ärgern. Das Gebiet war so verlassen und wenig einladend, dass sie ihr Flugzeug ohne derartige Unterbrechungen vorbereiten konnten. Als sie dann aber den Motor einbauten, den Charlie Taylor entworfen und gebaut hatte, mussten sie feststellen, dass der *Flyer* bereits ohne Piloten schon recht beachtliche 274,43 Kilogramm wog. Damit war das Flugzeug etwa 70 Prozent schwerer, als sie geschätzt hatten. (Einschließlich des Piloten wog das Flugzeug annähernd 340 Kilogramm, was eine Flächenbelastung von 7,4 Kilogramm pro Quadratmeter ergab, die damit um etwa 75 Prozent höher lag als die des Gleiters von 1902. Dieser Gewichtszuwachs veränderte die Handhabung im Vergleich zu den früheren Modellen deutlich.) Also würden die Propeller zusätzliche 4,5 Kilogramm Schub erzeugen müssen. War das noch machbar?

Und wie sollte man die Maschine überhaupt in die Luft bekommen? Sie war viel zu schwer, als dass man sie noch mit nur zwei Helfern an den Flächenenden hätte auf den Weg schicken können. Räder anzubauen war auch nicht möglich – sowohl wegen des Gewichts, als auch wegen des Bodens, der aus tiefem Sand bestand und außerdem ständig in Bewegung war. Sie entschieden sich schließlich für ein kleines Gestell mit Rädern auf einer etwas über 18 Meter langen, hölzernen Schiene, die in den Wind ausgerichtet werden konnte. George Spratt, einer von Chanutes Kollegen, war vor Ort und machte sich nützlich, indem er half, die Schiene auszulegen.

Am 4. November war die Maschine bereit für einen Motor-Testflug. Ein aufregender Augenblick. Nach all ihren Mühen stand der Motorflug nun unmittelbar bevor.

Oder doch nicht? Als Orville und Wilbur den Motor anwarfen, setzte der immer wieder aus, hatte Fehlzündungen und rüttelte irgendwie spastisch, so als ob er jeden Moment stehen bleiben wollte. Und das tat er auch kurz darauf. Beide Propeller lösten sich und beschädigten dabei ihre Antriebswellen. Die Brüder schauten einander an und waren sich voll dessen bewusst, was dieses neue Problem für sie bedeutete.

Es würde Wochen dauern, die Propellerwellen zu reparieren. Überzeugt, dass die beiden Männer aus Dayton ihre Chance verpasst hatten, packte George Spratt seine Koffer. Und ausgerechnet jetzt bereitete Langley einen zweiten Anlauf zum Motorflug vor. Der erste Versuch, erklärte er, sei wegen Schwierigkeiten am Startmechanismus gescheitert, und nicht etwa, weil das Flugzeug selbst die Ursache des Problems gewesen sei. In wenigen Tagen, behauptete er, würde das *Aerodrome* für einen zweiten Start bereit sein. Auch dann sollte der leidgeprüfte Manly wieder der Pilot sein.

In Kill Devil Hills verschlechterte sich derweil das Wetter und es wurde kälter – »… um den Gefrierpunkt, wenn mein Rücken recht hat…«, erklärte Orville in einem Brief an Katharine. Am 5. November kehrte Spratt auf das Festland zurück. Er hatte die beiden beschädigten Antriebswellen

dabei und versprach, sie bei erster Gelegenheit per Express nach Dayton zu schicken.

Kaum war Spratt abgereist, traf Chanute ein. Die Gastfreundschaft der Brüder wurde wirklich stark belastet, da ihr Proviant ernsthaft zur Neige ging. »…wir waren schon bei Kondensmilch und Keksen zum Abendessen angelangt und lebten mit der Aussicht auf Kaffee und Reispfannkuchen zum Frühstück…«, informierte Orville Katharine. Das Flugzeug, seines Antriebs beraubt, stand währenddessen einsam und verlassen im Hangar.

Kaum war etwa eine Woche verstrichen – und vielleicht auch, weil es hier nichts zu beobachten gab – schützte Chanute dringende Geschäfte vor und reiste ab, jedoch nicht ohne einen ausreichend langen Zwischenstopp in Manteo einzulegen, um mehrere Paar Handschuhe zu kaufen und den Brüder schicken zu lassen. Ein hochwillkommenes Geschenk bei den sinkenden Temperaturen auf den Outer Banks. Aber trotz dieser noblen Geste war nicht zu leugnen, dass sich die Beziehung zwischen den Brüdern und Chanute verschlechtert hatte. Orville berichtete in einem Brief an Katharine, dass der ältliche Chanute darüber nachgedacht hatte, eine in Frankreich gebaute Ader-Maschine zu erwerben, die dann von den Wrights geflogen und gewartet werden sollte. Diese Vorstellung verletzte die Brüder, denn sie implizierte – was auch stimmte – Chanutes Mangel an Vertrauen in die Verwirklichung ihres Vorhabens, doch noch in die Luft zu kommen. »Er [Chanute] glaubt, wir könnten es schaffen! Er scheint dagegen nicht zu glauben, dass unsere Maschinen so überragend gut sind wie unsere Art und Weise, sie zu handhaben. Wir sind genau der umgekehrten Überzeugung…«

Am 20. November trafen die neuen Antriebswellen ein. Aber schon beim ersten Testlauf begannen die Ritzel des Kettenantriebs, der vom Motor zu den Wellen führte, durchzurutschen, obwohl die Brüder sich heroisch bemühten, die Kette zu straffen. In ihrer Verzweiflung griffen Wilbur und Orville schließlich zu »Arnstein's«, einem Reifenkleber, den sie oft in ihrem Fahrradladen benutzt hatten. Das war der Trick schlechthin, denn mit ihm wurden die Ritzel so wirkungsvoll fixiert, dass sie keine Probleme mehr hervorriefen. Hocherfreut bauten die Brüder sie, so schnell sie konnten, wieder ein und testeten den Motor erneut. Doch ihr Hochgefühl löste sich schon bald wieder in Luft auf, als der Motor unregelmäßig zündete, wodurch er die Ketten heftigen Zugkräften aussetzte, was wiederum deren schnellen Bruch befürchten ließ. Es dauerte aber nicht lange, bis

Samuel Pierpont Langley

Als Sekretär des angesehenen Smithsonian Institute und Wissenschaftler von internationalem Ruf entwickelte Samuel Pierpont Langley in den 1890er Jahren großes Interesse an der Fliegerei. Nach dem erfolgreichen Flug seines Modellflugzeugs, das er *Aerodrome* genannt hatte, sicherte er sich die Summe von 50 000 Dollar für den Bau eines *Great Aerodrome* in Originalgröße vom amerikanischen Kriegsministerium. Aus Ignoranz – vielleicht aus Arroganz – kümmerte Langley sich nicht um die von Cayley und Lilienthal gewonnenen Erkenntnisse über die Konstruktion von Tragflächen. Trotz etlicher pressewirksamer Ankündigungen seiner Flugversuche schaffte es Langley letzten Endes nur, sein aeronautisches Vehikel in den Potomac River zu katapultieren – und versenkte damit gleichzeitig seine Karriere als Luftfahrtpionier.

Langley's *Aerodrome*

Links: Im Jahr 1896 verblüffte Samuel Pierpont Langley die Welt mit dem Flug eines maßstabgetreuen Modells seiner Flugmaschine. Zwei Jahre später begann er, durch großzügige Subventionen aus dem Militärbudget unterstützt, mit dem Bau seines Great Aerodrome, *das eine bemannte Flugmaschine werden sollte.*

»…wie eine Hand voll Mörtel.«

Beschreibung eines Reporters vom Flug des *Great Aerodrome*

Oben: Langley, rechts im Bild, zusammen mit Charles Manly, seinem Testpiloten, am 7. Oktober 1903, dem Tag des Starts.

Oben, rechts: Das Great Aerodrome *auf seinem Startgestell, welches sich auf dem Dach eines Hausbootes befand.*

Mitte, rechts: Der Start.

Unten, rechts: Das Wrack, das einmal Langley's Great Aerodrome *war, schwimmt in den Fluten des Potomac.*

die Brüder auch diesem Dilemma auf die Spur kamen: Die Wurzel des Übels war die Methode, wie die Benzinzufuhr zum Motor erfolgte. Nur noch einige weitere Einstellungen und endlich lief der Motor rund. Jetzt stand einem Start wirklich nichts mehr im Wege.

Zumindest schien es so. Doch während einer sorgfältigen Untersuchung der Propellerwellen entdeckten die Brüder Haarrisse. Erneut hatten die Wellen sie enttäuscht. Eine ernüchternde Entdeckung. Dabei wurde ihnen klar, dass sie letztendlich sogar noch Glück gehabt hatten. Hätten sie nämlich mit diesen Wellen einen Flug versucht, wären die Wellen möglicherweise zerrissen worden und dabei zu unzähligen Projektilen zersplittert.

Es spricht für die Entschiedenheit und den Mut der Wrights, dass sie sich auch von dieser jüngsten Enttäuschung

nicht abschrecken ließen. Sie waren sich sehr wohl bewusst, dass Langley fast so weit war, das *Aerodrome* zum zweiten Mal zu testen, und dass ihre Chancen, als Erste in die Luft zu steigen, Tag für Tag geringer wurden. Trotzdem mussten sie weitermachen. Obwohl der Winter immer näher rückte, entschlossen sie sich, wenigstens so lange in Kitty Hawk zu bleiben, dass sie zumindest einen Flug absolvieren konnten. Nun wurde alles zu einem Wettlauf gegen die Zeit.

Am 30. November reiste Orville nach Dayton ab, um zu Hause neue Wellen aus Federstahl anzufertigen. Am 9. Dezember trat Orville mit den wertvollen neuen Wellen die Rückreise von Dayton an. Im Zug las er einen Zeitungsbericht über den jüngsten Flugversuch des *Aerodrome*. Erneut hatte sich Charles Manly in das reparierte *Aerodrome* gesetzt, den Motor gestartet und sich auf den Flug vorbereitet. Dann war

das riesige Gefährt mit brüllendem Motor die Startschiene entlang geholpert und in die Luft gestiegen – nur um fast im gleichen Augenblick in zwei Teile zu zerbrechen und als Wrack in den Potomac zu taumeln. Was übrig blieb, war nur noch ein trauriges Durcheinander aus Draht und Holz. Erneut war es Manly gelungen, sich aus dem tödlichen Haufen von Überresten zu befreien. Ein Helfer tauchte tapfer in das eiskalte Wasser, um den Piloten in Sicherheit zu bringen. Das *Aerodrome* hingegen musste komplett abgeschrieben werden und Langley zog sich aus dem Wettstreit zurück, der Erste im bemannten Flug zu werden.

Zweihundert Meilen weiter südlich installierten die Wrights derweil die neuen Propellerwellen. Über Langleys Katastrophe bekundeten sie gemischte Gefühle: Einerseits waren sie erleichtert, dass dieser Wettbewerb zumindest für

den Augenblick beendet war, doch andererseits wurde ihnen recht ungemütlich zu Bewusstsein gebracht, dass auch ihr Versuch nicht unbedingt erfolgreicher verlaufen musste als der von Langley.

Zur Abwechslung hatten sie jetzt einmal ruhiges Wetter. Genau genommen war es sogar zu ruhig. Der Flyer würde es unter diesen Bedingungen nie schaffen, in die Luft zu kommen. Doch am 13. Dezember verbesserte sich das Wetter und eine milde Brise raschelte über den eisigen Sand. Aber die Brüder flogen nicht, sondern verbrachten den Tag mit Lesen und Spaziergängen. Es war Sonntag und die Wrights waren nicht gewillt, das Gebot, den Sabbat zu heiligen, für etwas so Weltliches wie den Versuch, der Welt erstes schwerer-als-Luft-Flugzeug zu fliegen, zu brechen. Sie hatten ihrem Vater, dem Bischof, dieses Versprechen gegeben.

Ende November 1903 steht der anmutige Flyer *der Gebrüder Wright erwartungsvoll vor seinem Schuppen in Kitty Hawk, während Samuel Pierpont Langley Hunderte von Kilometern entfernt seine zweite* Great Aerodrome *auf den Flug vorbereitet.*

Am Montag, dem 14. Dezember, flatterte eine kleine Fahne am Arbeitsschuppen: das vereinbarte Signal für die Rettungsstation, dass ein Motorflug versucht werden sollte. Jeder war willkommen zuzusehen. Die Wrights wollten so viele Zeugen, wie sich nur auftreiben ließen.

John Daniels, Robert Wescott, Thomas Beacham, W. S. Dough und »Uncle Benny« O'Neal kamen aus der Station und halfen, das gewichtige Flugzeug über eine viertel Meile zum beabsichtigten Startgelände zu schaffen. Sie machten sich die Sache ein wenig leichter, indem sie die knapp 18,5 Meter lange Schiene dazu benutzten, die für den Anlauf zum Start gebaut worden war; Wilbur hatte sie »Weichen-Schiene« getauft. Nach 40 Minuten war die Arbeit getan.

Nachdem die Kufen des Flugzeuges sicher auf den Startwagen gesetzt worden waren, beschäftigten sie sich mit der Startvorrichtung selbst. Mittlerweile war das Publikum um zwei kleine Jungen und einen Hund angewachsen, die alle drei erschreckt auseinander stoben, als der Motor knatternd zum Leben erwachte und Rauchwolken ausstieß.

Wilbur warf eine Münze. Er gewann. Er kletterte auf den unteren Flügel und schmiegte seine Hüften eng in die Wiege, die den Verwindungsmechanismus der Flächen betätigte. Dann nickte er. Fertig! Der große Augenblick war gekommen. Orville stand an einem Flächenende und bewegte sich mit vorwärts, als das Flugzeug zu gleiten begann. Die großen Flügel zitterten, als könnten sie es kaum mehr abwarten, in die Luft zu kommen. Und dann – der Auftrieb! Die Maschine hob von der Schiene ab, stieg auf 15 Fuß und strebte auch noch 18 Meter hinter dem Ende der Schiene weiter nach vorne. Sie flog! Aber nicht lange.

KAPITEL

7 Triumph!

Auf einmal wurde der *Flyer* sichtbar langsamer und schien einfach aufzugeben. Während der Motor weiter vor sich hin knatterte wie eine wild gewordene Nähmaschine, verlor das Flugzeug immer mehr an Höhe. Der linke Flügel berührte den Boden und riss das Flugzeug herum, während sich die vorderen Kufen in den Sand gruben, wobei eine der beiden abbrach. Der ganze Flug hatte nur drei und eine halbe Sekunde gedauert.

Wilbur kletterte aus der Maschine. Ein erfolgreicher Flug, wenn auch nur von dramatisch kurzer Dauer. Eigentlich konnte er noch nicht mal als ordentlicher Flug gewertet werden, denn tatsächlich war es nicht mehr als ein Hüpfer

gewesen. Das mussten sie noch besser machen – und zwar viel besser.

Donnerstag, der 17. Dezember, dämmerte mit Tosen herauf. Ein Nordwind rüttelte am Lager der Wrights und die Pfützen waren gefroren. Wie immer makellos mit Anzug, Hüten, steifen Kragen und Krawatten bekleidet, erschienen die Brüder und warfen besorgte Blicke hinauf zum turbulenten Himmel. Dann schoben sie die Startschiene in Windrichtung. Fünf Beobachter, davon drei aus der Rettungsstation, halfen dabei, das Flugzeug auf die Schiene zu heben und für den Start auszurichten. Einige Minuten lang unterhielten sich die Brüder so kühl geschäftsmäßig

Die Bodenmannschaft der Gebrüder Wright steht zusammen mit ein paar Kindern in Bereitschaft, während der Flyer *bereits auf seinen Schienen weiter oben in den Kill Devil Hills darauf wartet, am 14. Dezember 1903 seinen ersten Flug anzutreten.*

miteinander, als ob sie lediglich Angelegenheiten betreffs ihres Fahrradladens besprächen. Dann fassten sie sich gegenseitig an den Händen. Ein Zuschauer sagte später aus, es sei so gewesen, als »…seien sie sich nicht sicher, ob sie sich jemals wiedersehen würden…« Ein wirklich ergreifender Augenblick.

Orville, nun ganz auf die Sache konzentriert, ging zum Flugzeug und machte es sich auf der unteren Fläche be-

quem. Dann platzierte er seine Füße in den Trittmulden am hinteren Flächenende und schmiegte sich mit den Hüften, die den Verwindungsmechanismus der Fläche und das Ruder steuern sollten, in die Wiege. Ein kurzer Blick noch auf die unmittelbar vor ihm liegenden Instrumente: ein Anemometer, um die bewältigte Entfernung zu messen, eine Stoppuhr und ein Drehzahlmesser des Typs Veedor für den Motor. Der Wind rüttelte am Flugzeug und die Konstruktion gab

Am 17. Dezember 1903 um 10 Uhr 35 hebt Orville vom Sand in den Kill Devil Hills zum ersten bemannten Motorflug der Weltgeschichte ab. Fasziniert beobachtet der im Lauf aufgenommene Wilbur die Maschine. Dieses Foto von John T. Daniels, einem Mann aus der Crew der Lebensrettungsstation, sollte zu einem der meistreproduzierten Bilder des 20. Jahrhunderts werden.

winzige Klagelaute von sich. Fertig! Die winkenden Hände der Rettungsmannschaft nahm er nur verschwommen wahr.

Orville löste den Haltedraht. Der kleine Motor knatterte auf, und das Flugzeug begann sich zitternd, klappernd und angestrengt die Schiene entlang zu bewegen, während Wilbur an der rechten Seite mittrabte, um die Fläche eben zu halten. Nach noch nicht einmal 50 Metern auf der Schiene und einer Geschwindigkeit über Grund von weniger als 16 Kilometern pro Stunde hob das Flugzeug ab, sackte durch, stieg wieder und landete schließlich ganz sanft auf dem Sand. Der Flug hatte 12 Sekunden gedauert und war über eine Entfernung von 36,6 Metern gegangen.

Es war geschafft – der erste gesteuerte Motorflug der Weltgeschichte. Die Brüder versuchten ihre Erleichterung und Freude zu unterdrücken – allerdings nur mit sehr mäßigem Erfolg. Die zahllosen Stunden, die gefährlichen Situationen, die Enttäuschungen, die nagenden Zweifel – sie waren alle berechtigt gewesen – hatten der Sache dennoch unendlich gedient. Orville schrieb, dass »… sich zum ersten Mal in der Menschheitsgeschichte eine einen Menschen tragende Maschine aus eigener Kraft für einen Flug in die Lüfte erhoben hatte und ohne dabei an Geschwindigkeit zu verlieren weiter gesegelt und schließlich auf einem Punkt gelandet war, der genauso hoch lag wie der, von dem sie gestartet war…«

An diesem historischen Tag im Dezember unternahmen die Wrights noch drei weitere Flüge. Oben, links: Beim dritten Flug legte Orville eine Strecke von über 60 Metern zurück. Oben, rechts: Beim vierten und letzten Flug des Tages übernahm Wilbur die Steuerung. Unten: Wilbur beendete den vierten Flug mit einer harten Landung und zerbrach dabei die Stützstreben des Höhenruders. Rechts: Das Telegramm mit der Triumph-meldung, das die Brüder nach Hause kabelten.

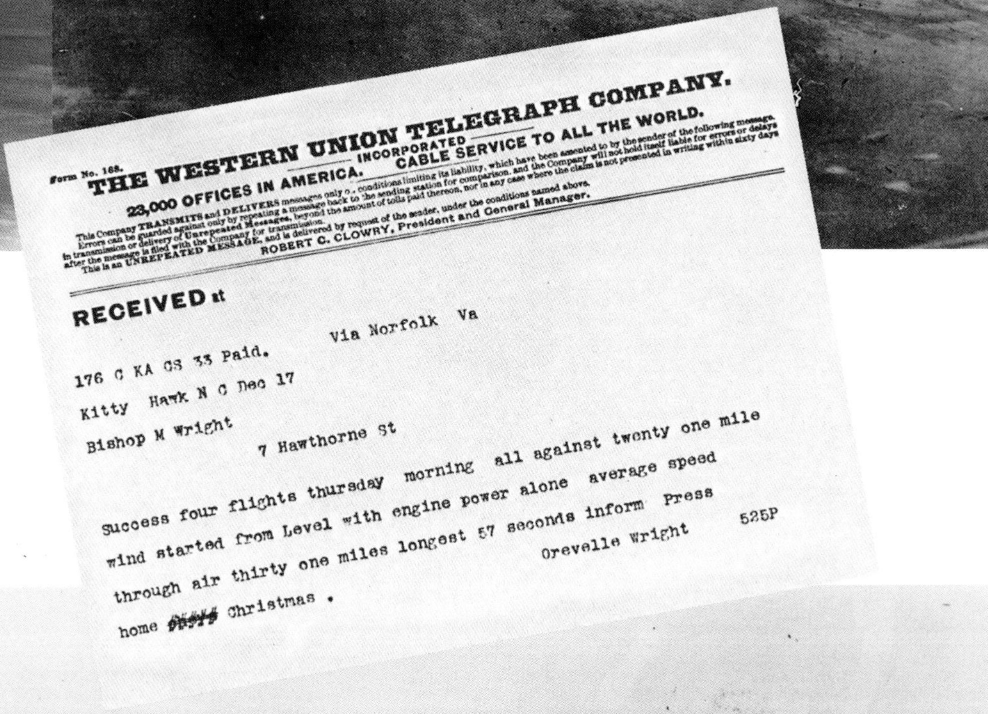

THE WESTERN UNION TELEGRAPH COMPANY.

Form No. 168.   INCORPORATED

23,000 OFFICES IN AMERICA.   CABLE SERVICE TO ALL THE WORLD.

This Company TRANSMITS and DELIVERS messages only on conditions limiting its liability, which have been assented to by the sender of the following message.
Errors can be guarded against only by repeating a message back to the sending station for comparison, and the Company will not hold itself liable for errors or delays
in transmission or delivery of Unrepeated Messages, beyond the amount of tolls paid thereon, nor in any case where the claim is not presented in writing within sixty days
after the message is filed with the Company for transmission.

This is an UNREPEATED MESSAGE, and is delivered by request of the sender, under the conditions named above.

ROBERT C. CLOWRY, President and General Manager.

RECEIVED at

176 C KA CS 33 Paid.   Via Norfolk Va

Kitty Hawk N C Dec 17

Bishop M Wright

                    7 Hawthorne St

Success four flights thursday morning all against twenty one mile
wind started from Level with engine power alone average speed
through air thirty one miles longest 57 seconds inform Press
home ~~Davis~~ Christmas .

                        Orevelle Wright   525P

An dem Tag flogen sie noch drei weitere Male, und jeder Flug dauerte länger als der vorausgegangene, bis Wilbur schließlich eine Weite von 260 Metern und eine Flugdauer von bemerkenswerten 59 Sekunden erreichte. Aber dabei landete er hart und beschädigte das Höhenruder. Das Team der Lebensretter half dabei, das Flugzeug zum Lager zurückzuschaffen, wo die Brüder den Schaden am Höhenruder reparieren wollten, um weitere Flüge durchzuführen.

Doch diese Chance blieb ihnen versagt. Als sie nur noch wenige Meter vom Lager entfernt waren, ergriff eine sehr heftige Bö die Maschine und warf sie mit geradezu tödlicher

auf das Meer zugetrieben wurde und dabei zuerst auf dem einen und dann auf dem anderen Ende landete und sich immer wieder überschlug, während ich mich die ganze Zeit über immer mehr in ihr verfing. Ich kann dir sagen: Ich war völlig verängstigt. Als das Ding endlich einmal für eine halbe Sekunde zur Ruhe kam, kappte ich so ziemlich jeden Draht und jede Strebe in meiner Nähe, um da raus zu kommen.«

Der Zwischenfall war zwar ärgerlich, reichte jedoch nicht aus, die Begeisterung der Brüder zu dämpfen. Nachdem sie ihrem Vater in einem Telegramm von ihrem

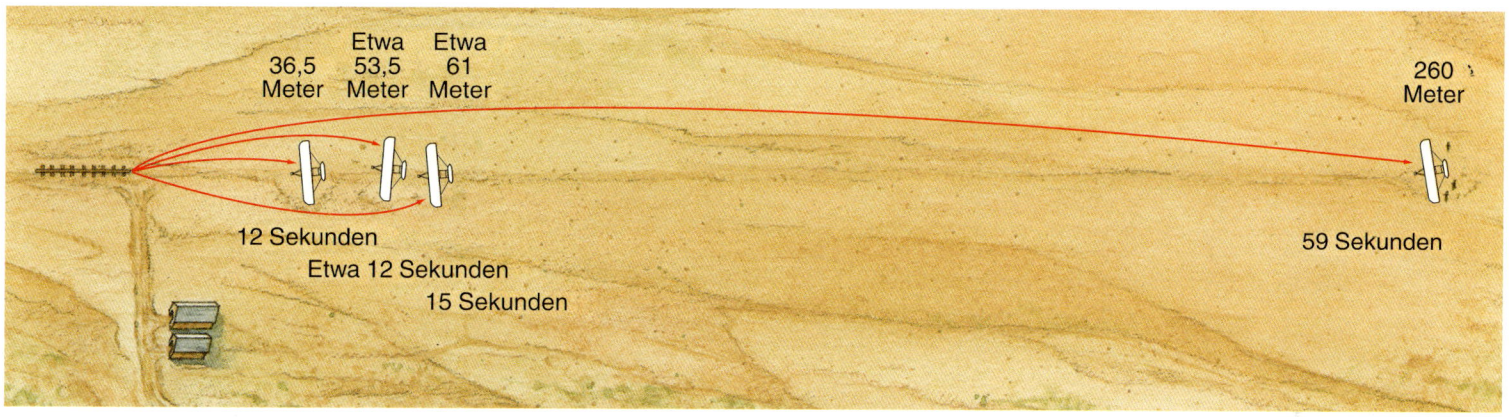

Dass es den Brüdern nach ihrem spektakulären ersten Flug vom 17. Dezember 1903 gelang, die zurückgelegte Strecke nach jedem neuen Start zu vergrößern, bewies, dass ihr erster motorisierter Flug kein Zufall gewesen war.

Mutwilligkeit in den Sand, wo sie auf dem Rücken liegen blieb. Orville schrieb: »Die Maschine drehte sich ganz behäbig über uns auf den Rücken. Mr. Daniels [gemeint ist John T. Daniels, ein Mitglied der Lebensretter unter den Helfern; *Anm. d. Übers.*], der ja keine Erfahrung in der Handhabung solcher Maschinen hatte, klammerte sich an der Innenseite fest, wodurch er umgeworfen und anschließend zusammen mit ihr mehrfach herumgewirbelt wurde. Dass er unverletzt davonkam, war das reinste Wunder, steckte er doch mitten zwischen Motor und Ketten. Die Beine des Flugzeuggestells waren alle weggebrochen, die Kettenführungen verbogen, eine Anzahl der Horizontalstreben und nahezu alle Rippenenden des *Flyer* gebrochen. Von den Holmen allerdings war nur einer angebrochen.«

Daniels selbst schrieb dazu: »Ich fand mich zwischen den Drähten in der Maschine gefangen, die über den Strand

Triumph berichtet hatten, machten sich die Brüder daran, das Flugzeug auseinander zu nehmen. Sie wollten so bald wie möglich nach Dayton zurückkehren, um Weihnachten mit ihrer Familie zu feiern.

Obwohl es beide zusammen nur auf weniger als zwei Minuten Motorflug gebracht hatten, waren Wilbur und Orville zum Jahreswechsel 1903–1904 die ersten Motorflieger der Welt. Aber trotzdem standen sie vor einem Dilemma. Dazu schrieb Wilbur: »Wir befanden uns nun an einem Scheideweg. Auf der einen Seite hätten wir mit dem Problem des Fliegens noch so lange herumspielen können, wie es Jugend und Zeit erlaubten, dabei aber sorgfältig allem aus dem Wege gehen müssen, was kontinuierliche Anstrengungen und erhebliche Geldsummen erforderlich machte. Andererseits glaubten wir, dass falls wir das Risiko eingehen würden, unsere gesamten zeitlichen und finanziellen Ressourcen für die Fliegerei einzusetzen, wir auch die Schwierigkeiten auf unserem Weg zum Erfolg überwinden könnten, bevor die Jahre schließlich unsere physischen Aktivitäten beschränken würden.«

Zu dieser Zeit ging es ihnen finanziell recht gut, denn sie konnten über fast 5000 Dollar verfügen, die auf zwei Spar- und Darlehensguthaben in Dayton lagen. Das Fahrradgeschäft stagnierte zwar, doch aufgeben wollten die Brüder es deshalb nicht. Stattdessen versuchten sie eher, sich ohne großes Aufsehen daraus zu lösen, indem sie die noch in Produktion befindlichen Räder verkauften, und nur noch beiläufig Reparaturen annahmen, die hereinkamen. Charlie Taylor konnte sich schließlich darum kümmern, was er dann auch tat. Wilbur und Orville konzentrierten von nun

an all ihre Energie auf den neuen *Flyer*, der damals hinter dem Laden im Entstehen begriffen war. Er sollte größer, stärker und wesentlich solider sein als sämtliche ihrer vorausgegangenen Flugmaschinen.

Währenddessen fuhr die Presse damit fort, die Brüder zu provozieren. Es war immer wieder das Gleiche – egal, ob keine Nachrichten oder Nachrichten im Überfluss: alle waren ans Absurde grenzend ungenau. Typisch für diese Art von Meldungen, die in den Tagen nach den Flügen von Kitty Hawk erschienen, war beispielsweise diese aus dem *Norfolk Virginian-Pilot*: »Die Maschine flog drei Meilen weit… Der Flug wurde vorbereitet, indem man die Maschine auf eine Plattform gesetzt hatte… oben auf einem hohen Sandhügel, und als alles bereit war, wurden die Halterungen von der

Warum der *Flyer* flog

Das gleiche Flugzeug und der gleiche Ort. Aber an einem Tag Fehlschläge – und am nächsten der Erfolg. Warum?

Wer heute ein Flugzeug konstruiert, muss eine Maschine bauen, die in der Lage ist, unter den unterschiedlichsten Bedingungen zu fliegen – unter verschiedenen Anströmwinkeln, Luftdichten und Windgeschwindigkeiten. Dabei erzeugt jede Variable neue Variablen: größere Windgeschwindigkeit erhöht beispielsweise den Auftrieb. Das tut aber auch die Größe eines Tragflügels oder Höhenleitwerks. Nimmt deren Fläche jedoch zu, erhöht sich damit automatisch auch das Gesamtgewicht einer Maschine – und so weiter. Im Grunde ist alles ein ständiges Jonglieren mit Zahlen.

In Kitty Hawk konnten die Wrights davon ausgehen, dass die Windgeschwindigkeiten um 18 Knoten lagen – was der Hauptgrund war, weshalb sie dorthin gegangen waren. Mit großer Wahrscheinlichkeit haben sie sich auch Gedanken über den Anströmwinkel gemacht. Damit hätten sie schon zwei Konstanten gehabt. Von diesen Zahlen ausgehend, konnten sie anschließend unter Verwendung der Daten Lilienthals beginnen, einen Tragflügel zu entwickeln, der für sie verwendbar war, um einen ausreichenden Auftrieb zu produzieren, um einen Piloten und einen Aluminiummotor zu tragen (was sie dank des richtigen Wertes für den Smeaton-Koeffizienten auch konnten). Außerdem dürften sie in der Lage gewesen sein, die Leistung zu errechnen, die der Motor produzieren musste, um die Maschine vom Boden zu bekommen und auf die richtige

Geschwindigkeit zu bringen, um sie in der Luft zu halten.

Doch was sie vor allen Dingen brauchten, war Wind.

Am 14. Dezember lagen die Windgeschwindigkeiten bei gerade einmal sieben bis acht Knoten. Das Auftriebsmoment reichte also aus, die Maschine von den Schienen in die Luft zu bekommen, nicht aber, eine ausreichende Fluggeschwindigkeit zu produzieren.

Am 17. Dezember dagegen lag die Windgeschwindigkeit bei 25 bis 27 Knoten. Es war böig, fast schon stürmisch, doch die Wrights waren mit ihren Gleitern auch schon bei 37 Knoten Windgeschwindigkeit geflogen.

Als der *Flyer* das Ende der Schienen erreichte, hatte er bereits eine Geschwindigkeit von sechs bis acht Knoten und den Rest besorgte der Wind – der erste motorgetriebene Flug eines Menschen hatte begonnen.

Maschine gelöst... Der Luftschiffer, Wilbur Wright, startete einen kleinen Gasolin-Motor, der die Propeller antrieb. Als die Spitze der Steigung erreicht war, erhob sich die Maschine langsam, bis sie eine Höhe von [sic] 60 Fuß erreicht hatte... Aus dem Mittelpunkt des Wagens ragt ein riesiges, gebläseförmiges Ruder aus Segeltuch, das über einen Holzrahmen gespannt ist, hervor...«

Orville beurteilte die Story mit »... zu 99 Prozent falsch«. Doch andere Berichte waren auch nicht besser. Viele Zeitungen ignorierten die Leistungen der Wrights dagegen vollständig, weil sie der Überzeugung waren, es handele sich dabei lediglich um ein weiteres »Kunststückchen«. Der *Enquirer* aus Cincinnati brachte die Gebrüder Wright in fetten Schlagzeilen heraus, während das *Journal* aus Dayton die Geschichte überhaupt nicht aufgriff. Octave Chanute befand sich in Chicago und hatte vom Erfolg der Wrights keine Ahnung, bis er von Katharine darüber informiert wurde.

»Seit unserer Rückkehr«, schrieb Orville, »haben wir täglich Angebote von einigen dieser hauptberuflichen Makler bekommen, die unsere Firma an die Börse bringen wollen.

Eine der damals sehr populären Darstellungen vom ersten Flug der Gebrüder Wright, die alle ebenso fantasievoll wie realitätsfern waren.

Sie hätten wohl gern einige Leute betrogen, die meinen, in der Flugmaschine stecke die Möglichkeit, ein immenses Vermögen zu machen. Sogar unser Freund Herring hat uns ein überaus generöses Angebot gemacht, wovon ich eine Kopie zu deiner Unterhaltung anfertigen werde...«

Der ewige Opportunist Herring beanspruchte für sich, der Welt erster Flieger zu sein – erklärte sich aber in Anerkennung des Beitrags, den die Wrights zur Luftfahrtentwicklung geleistet hatten, bereit, ihnen einen Anteil von 50 Prozent an der Firma anzubieten, die er gründen wollte.

Anfang Januar gaben die Wrights, die immer noch über die ungenauen Presseberichte verärgert waren, das folgende Statement an Associated Press: »Es lag nicht in unserer Absicht, eine detaillierte öffentliche Benachrichtigung bezüglich der privaten Versuche mit unserem motorgetriebenen *Flyer* vom 17. Dezember letzten Jahres herauszugeben.

Durch die unehrenhafte Weitergabe von Inhalten eines privaten Telegramms, in dem wir unserer Familie zu Hause den Erfolg unserer Versuche kundtaten, an Zeitungsleute des Büros in Norfolk, kam es zur Veröffentlichung einer fiktiven Geschichte. Diese ist in fast allen Einzelheiten falsch und wurde von Leuten verbreitet, die weder den *Flyer* noch seine Flüge gesehen haben. Da diese Geschichte zusammen mit mehreren Interviews oder Statements verbreitet wurde, die – einfach ausgedrückt – erfunden waren, sehen wir uns gezwungen, einige Dinge richtig zu stellen. Die tatsächlichen Fakten sind die Folgenden: Am Morgen des 17. Dezember, zwischen 10 Uhr 30 und Mittag, wurden vier Flüge durchgeführt, von denen Orville Wright zwei und Wilbur Wright ebenfalls zwei absolvierte. Die Starts erfolgten von ebenem Sand und einem Punkt aus, der 60 Meter westlich unseres Lager lag. Dieses Lager wiederum befindet sich im Dare County von North Carolina, knapp einen halben Kilometer nördlich des Sandhügels Kill Devil Hill.«

AP gab die Geschichte zwar heraus, ließ aber den ersten Absatz unter den Tisch fallen, was die Wrights endgültig in Rage versetzte, und einige Tage später stieg Wilburs Blutdruck erneut an, als er an den Herausgeber des *Independent* schrieb. In seinem Brief beschwerte er sich über »...die schier unglaubliche Unverschämtheit...« des Artikels in der Ausgabe dieser Zeitung vom 4. Februar. Dieser Artikel – ein »zusammengeschusterter« Wirrwarr von Ausschnitten aus den Reden, die Wilbur vor der Western Society of Engineers gehalten hatte – war unter Wilburs Namen veröffentlich worden. In seinem Schreiben machte er nun unzweideutig klar, dass »...ich niemals irgendeiner Person die Erlaubnis oder auch nur eine Ermutigung dazu gegeben habe, Auszüge dieses urheberrechtlich geschützten Materials als Originalartikel zu verwenden. Auch habe ich weder dem *Independent* noch sonst irgendjemanden nur die geringste Erlaubnis gegeben oder Rechtfertigung dafür geliefert, meinen Namen für die Unterstützung eines solchen Betruges zu missbrauchen...«

Eine neue Operationsbasis

»Wir befinden uns auf einer großen Wiese… Außer Rindern gibt es hier ein Dutzend oder mehr Pferde, die ebenfalls auf der Weide grasen… und es war recht schwierig, sie sicher fortzuschaffen, bevor wir mit unseren Versuchen beginnen konnten.«

Wilbur Wright an Octave Chanute,
21. Juni 1904

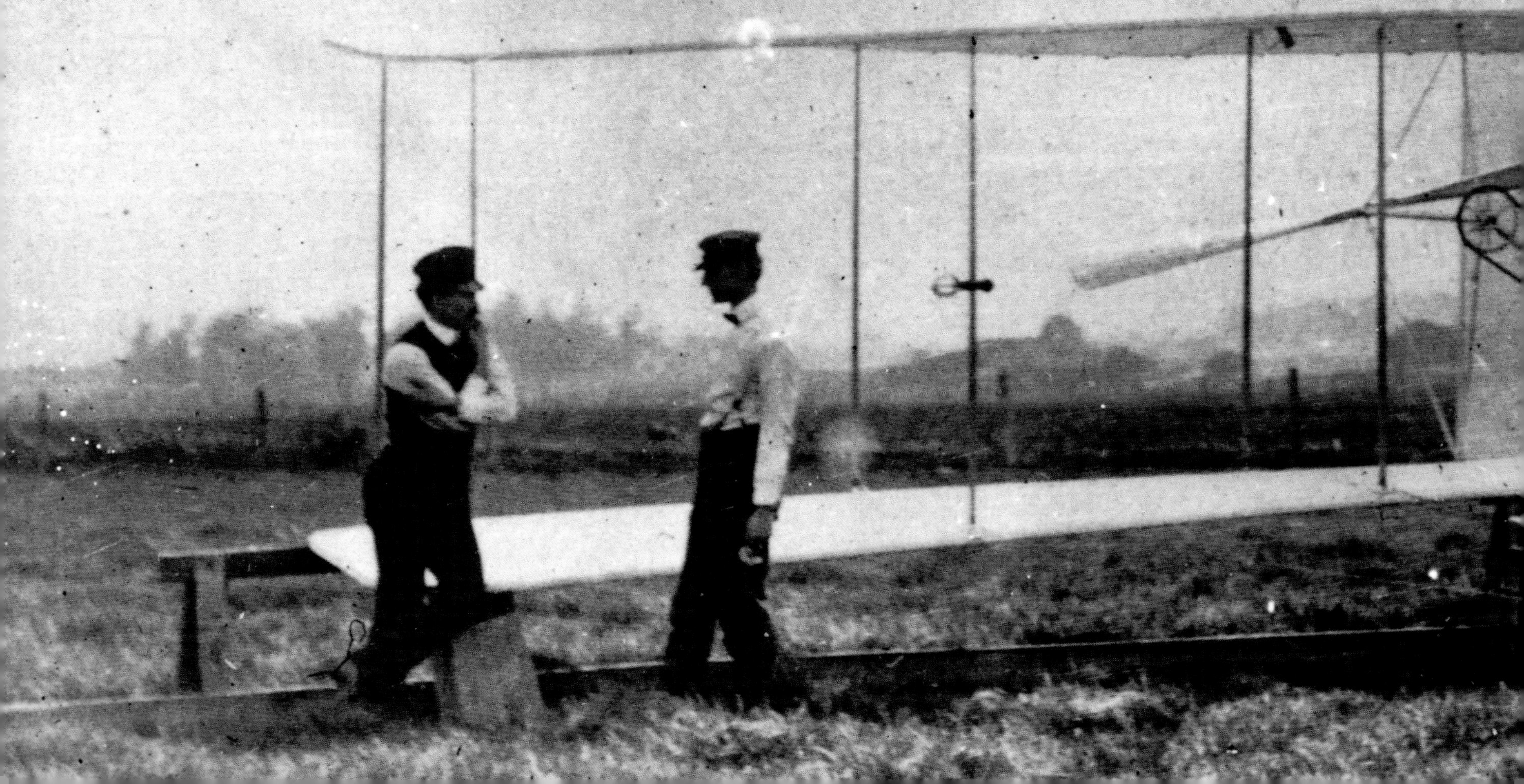

Normalerweise starren die Passagiere der Dayton, Springfield & Urbana Railway stoisch aus dem Fenster oder lesen Zeitung, während sie diese ländliche Route befahren. Die endlose Prozession von Bäumen, Farmen und winzigen Dörfern an der Eisenbahnstrecke konnte man allerdings kaum als sehenswert bezeichnen. Doch als im Frühling des Jahres 1904 die Regionalbahn ihre Fahrt verlangsamte und schließlich in der Nähe von Dayton an der Simms Station hielt, weckte etwas Ungewöhnliches die Aufmerksamkeit der Fahrgäste. Irgendetwas steckte da seine merkwürdig aus-

sehende Nase aus einem Schuppen, der hier in den Wintermonaten gebaut worden war.

Einige Fahrgäste erhoben sich von ihren Plätzen, um die Sache genauer in Augenschein nehmen zu können. Einer der Männer konstatierte schließlich, dass es sich wohl um die verrückten Gebrüder Wright handeln müsse, die dort an ihrer Flugmaschine werkelten. Kaum war der Zug außer Sicht, traten zwei Männer aus dem Schuppen. Mit Anzügen und Hüten bekleidet, wie sie von Geschäftsleuten getragen wurden, sahen sie gewiss nicht wie Flieger, sondern eher wie

Orville (links) und Wilbur im Frühling 1904 mit dem verbesserten Flyer auf ihrer neuen Operationsbasis, einem Weidegelände in unmittelbarer Nähe von Dayton, das im Ort »Huffmanns Prairie« genannt wurde.

Bankiers aus. Gleichwohl schoben sie ihr Flugzeug ganz hinaus ins Freie und warfen den Motor an. Knatternd erwachte er zum Leben, schüttelte sich kurz, schnaufte noch einmal kurz und versank wieder in Stillschweigen.

So sehr die beiden sich auch anstrengten und an diesem Motor herumwerkelten, er rührte sich nicht mehr. Daraufhin blickten sie auf ihre Taschenuhren und schlugen im Fahrplan für die Regionalbahn nach. Es wurde Zeit, den Motor zu vergessen und das Flugzeug in den Schuppen zurück zu schieben. Der nächste Zug dampfte bereits mit einer weiteren Ladung neugieriger Fahrgäste heran.

Im Verlauf des Winters von 1903 auf 1904 begannen die Gebrüder Wright mit der Konstruktionsarbeit für ein neues Flugzeug, das stärker motorisiert werden und ein erheblich weniger empfindliches Höhenruder bekommen sollte. Jetzt, wo die ganze Welt (oder zumindest ein Teil davon) wusste, was die Wrights in Kitty Hawk geschafft hatten, bestand eigentlich kein Grund mehr zu übertriebener Geheimniskrämerei – und tatsächlich auch nicht mehr, den weiten Weg nach Kitty Hawk zu unternehmen. Also sahen sie sich nach einem Versuchsgelände um, das etwas näher bei ihrem Zuhause lag. Es dauerte nicht lange, bis sie etwas Passendes gefunden hatten. Terrence Huffmann, der Präsident der Fourth National Bank in Dayton bot ihnen an, sein Farmland ein paar Meilen außerhalb der Stadt zu nutzen. Dabei handelte es sich um eine Weide, die allgemein als

»Huffmanns Prärie« bekannt war und in der Nähe von Simms Station, einem Bahnhof an der Strecke der Regionalbahn zwischen Dayton und Springfield in Ohio, lag.

Wilbur schrieb an Chanute: »In Kitty Hawk hatten wir Platz und Wind genug, um einen Start auf kurze Entfernung leicht bewerkstelligen zu können. Wenn nur eine ganz leichte Brise wehte, konnten wir wenn nötig auch die Hügel nutzen, um die Startgeschwindigkeit zu erreichen. Hier dagegen müssen wir uns mit einer langen Rollbahn, schwachen Winden und manchmal sogar Totenflauten auseinander setzen. Wir befinden uns hier im Grunde auf einer riesig großen Wiese... die im Westen und Norden von Bäumen begrenzt wird. Die brechen nicht nur den Wind, sondern lenken ihn darüber hinaus auch noch etwas nach unten ab... Darüber hinaus besteht der Boden aus einer ehemaligen Sumpflandschaft und ist übersät mit Grashügeln.«

Der Motor des ersten *Flyer* neigte zum Überhitzen und verlor dann an Kraft. Nun hatten sich die beiden Brüder entschieden, gleich zwei Motoren, beides Vierzylinder, zu bauen. Bei deren Konstruktion hatten sie jeweils mehr freien Raum um die Zylinder herum vorgesehen und hofften auf diese Weise die Kühlung zu verbessern. Sie fertigten auch einige Skizzen von einem 8-Zylinder-Motor an, entschieden sich dann aber, diese Konstruktion nicht weiter zu verfolgen.

In den letzten Maitagen des Jahres 1904 stand die Vollendung des neuen Motors und Flugzeugs unmittelbar bevor.

Äußerlich unterschied sich die Maschine nur unwesentlich von dem Vorjahresmodell, doch sie war schwerer und verfügte außerdem über ein etwas modifiziertes Flächenprofil. Die Wrights sahen den Jungfernflug ihrer Maschine als eine günstige Gelegenheit an. Der Bischof, damals schon 75 Jahre alt, reiste mit seinem ältesten Sohn Lorin und seiner ganzen Familie nach »Huffmanns Prärie«, und auch eine Hand voll Reporter von Zeitungen aus Dayton und Cincinnati trafen ein, nachdem sie von den Brüdern eingeladen worden waren. Allerdings hatten die Wrights ihnen zur Auflage gemacht, weder Sensationsgeschichten zu schreiben, noch irgendwelche Fotos zu machen.

Das Publikum harrte der großen Dinge, die da kommen sollten. Doch die frustrierten Gebrüder Wright fanden sich in der unschönen Lage wieder, diese nicht liefern zu können. Es war aber auch alles schief gegangen, was schief gehen konnte. Den ganzen Morgen über hatte es geregnet. Dann war der Wind – der hier nie so zuverlässig wehte wie an der Grenze North Carolinas – immer weiter eingeschlafen und verhinderte damit den Start. Und nun fing es schon wieder an zu regnen, und – um allem schließlich die Krone aufzusetzen – setzte auch noch der Motor dauernd aus. Dann endeten zwei Startversuche in schmachvollen Fehlschlägen, wobei der *Flyer* einmal sogar die gesamte Startschiene hinunter raste und nur in allerletzter Sekunde noch vor deren Ende zum Stillstand gebracht werden konnte.

Doch dann schafften die Wrights wenigstens doch noch einen Flug in einer Höhe von einem Meter und achtzig – mussten aber sofort wieder landen, weil der Vortrieb wegblieb. Eigentlich hätte man mit beißenden Kommentaren der Zeitungsreporter rechnen können, doch diese blieben aus (damals ging das Gerücht, die Wrights hätten dieses Versagen sogar mit Absicht herbeigeführt, um auf diese Weise das Interesse der Presse von sich abzulenken). Sicherlich hat auch noch ein Brief zur Untermauerung dieser Theorie beigetragen, den Wilbur einige Jahre später schrieb. In der Passage, in der er auf die damals bevorstehenden Vorführungen zu sprechen kommt, kommentierte er: »Für mich steht außer Frage, dass man versuchen wird, uns auszuspionieren, während wir unseren ersten Testflug unternehmen… doch wir haben uns bereits einen Plan zurechtgelegt, von dem wir ganz sicher annehmen, dass er derartige Bemühungen in ähnlich raffinierter Weise vereiteln wird, wie wir die Zeitungen in den beiden Jahren, in denen wir in Simms experimentiert haben, an der Nase herumgeführt haben.« (Nähere Details dieses »Plans« sind jedoch nie enthüllt worden.)

Der *Flyer* von 1904 war und blieb jedoch auch weiterhin eine Enttäuschung. Seine beständige Weigerung zu steigen brachte die Wrights sogar mehr als einmal in recht gefährliche Situationen. Bei einer Gelegenheit überzog Orville beispielsweise den *Flyer*, doch die schwanzlastige Maschine setzte sanft wieder auf, ohne Schaden zu nehmen. Interes-

santerweise berichtete Orville von einem merkwürdigen Klopfgeräusch, »...als wenn irgendwelche Teile der Maschine locker wären und flatterten...«. Also überprüften sie den *Flyer* noch einmal äußerst sorgfältig, fanden jedoch nicht das Geringste, was für dieses Geräusch hätte verantwortlich gemacht werden können. Jeder Pilot von heute wird bestätigen, dass die Wrights das »Schütteln« erlebt hatten, was heute als klassisches Symptom eines beginnenden Überziehens bekannt ist.

Die überwiegend schwachen Winde, welche die Witterung im Gebiet von Dayton in diesem Sommer bestimmten, beschnitten die Flüge der Gebrüder Wright ebenso nachhal-

endlich waren die Wrights nicht mehr auf die Launen des Windes angewiesen, um den *Flyer* in die Luft zu bekommen.

Ein Höhepunkt des Jahres 1904 war die Weltausstellung von St. Louis, welche gleichzeitig die Hundertjahrfeier des Kaufs von Louisiana war. Hier wurde der atemberaubende Preis von 100 000 Dollar für die erste Flugmaschine – Flugzeug oder Luftschiff – ausgesetzt, die es schaffte, das gesamte Ausstellungsgelände zu umfliegen, was immerhin einer Strecke von über 15 Kilometern entsprach. Die meisten Menschen gingen davon aus, dass der im Ausland lebende Brasilianer Alberto Santos-Dumont in seinem neuen Luftschiff, mit dem er bereits in Paris einige Erfolge erzielen

Links: Orville und Wilbur verstanden eine Zeit lang nicht, weshalb ihr Flyer *von 1904 nur schwache Leistungen brachte und nie so recht Höhe gewinnen wollte. Rechte Seite: Der Flugzeugschuppen, wie er damals aussah, und heute in rekonstruierter Form. Seiten 84 und 85: Es kostete die Wrights insgesamt 19 Versuche, bis sie den* Flyer *in die Luft bekamen.*

tig, wie die Länge der Startstrecke, die ihnen von der »Schienenweiche« vorgegeben wurde. Also erfanden die Wrights eine Startvorrichtung, welche ihr Flugzeug mit ausreichender Geschwindigkeit vorantreiben würde und mit der sie praktisch jederzeit zu starten in der Lage wären. Diese Vorrichtung bestand aus einem Turm, der stark an einen kleinen Bohrturm erinnerte, an dem sie ein System von Flaschenzügen anbrachten, das ein Gewicht von 363 Kilogramm (das später auf das Doppelte erhöht wurde) ziehen konnte. Dann sollte eine Gruppe von Helfern antreten und das Gewicht an einem Seil bis zur Spitze des Turms hochziehen, um das Seil auf ein bestimmtes Signal hin wieder loszulassen. Logischerweise würde daraufhin das Gewicht fallen und dabei an dem Tau ziehen, das unter die Startschiene gelenkt war und das Flugzeug nach vorn trieb. Jetzt

konnte, diesen Preis gewinnen würde. Im Februar machten sich die Gebrüder Wright auf die Reise nach St. Louis, um sich das Gelände einmal näher anzusehen – und entschieden sich prompt gegen eine Teilnahme. Ihnen gefielen die Wettbewerbsbedingungen überhaupt nicht, da sie den Eindruck hatten, diese seien auf Luftschiffe und nicht auf Flugzeuge zugeschnitten.

Wieder zurück in Ohio, wurden Wilbur und Orville zu einem vertrauten Anblick für die Zugreisenden, die zwischen Dayton und »Huffmanns Prärie« unterwegs waren. Die Brüder unterhielten sich ganz offen mit den Einheimischen über ihre Flüge und die Probleme, mit denen sie sich herumzuschlagen hatten. Eine der Personen, mit denen sie diese Gespräche führten, war Amos I. Root, seines Zeichens Redakteur und Herausgeber einer Zeitschrift für Bie-

nenzüchter. Root war sowohl von den Wrights wie auch von ihrer Flugmaschine geradezu fasziniert. Im September fuhr er mit seinem Automobil von Medina in Ohio, in der Nähe von Akron gelegen, nach Dayton (was in der damaligen Zeit eine beeindruckende Autoreise war). In der Nähe von Huffmanns Prärie quartierte er sich bei einer Familie ein, und am 20. September wurde Mr. Root Zeuge eines bemerkenswerten Ereignisses – des ersten vollständigen Kreises, der jemals von einem Flugzeug geflogen worden war. Er nannte es »…eins der grandiosesten Ereignisse, wenn nicht das größte Erlebnis meines ganzen Lebens…«, und er fuhr überschwänglich fort: »Man stelle sich eine Lokomotive vor, die ihren Schienenstrang verlassen hat, hinauf in die Lüfte steigt und direkt auf einen zufliegt – eine Lokomotive ohne Räder wollen wir einmal sagen, aber dafür mit weißen Flügeln… Also stellen Sie sich einmal diese weiße Lokomotive vor, mit Flügeln, die sich sechs Meter zu jeder Seite ausstrecken, und diese Lokomotive kommt mit einem gewaltigen Rauschen ihres Propellers direkt auf Sie zugeflogen, dann haben Sie in etwa eine Vorstellung davon, was ich gesehen habe.«

Mit mehr als einem nur geringfügigen Weitblick erklärte Mr. Root, dass die Wrights »…wahrscheinlich noch nicht einmal den Schimmer einer Vorstellung davon haben, was

ihre Entdeckung den folgenden Generationen bringen wird. Es gibt wohl kein lebendiges Wesen auf Erden, das in der Lage wäre, auch nur eine Mutmaßung darüber anzustellen, was dadurch in den nächsten Jahren auf uns zukommen wird. All das wird wahrscheinlich noch weit schwieriger abzuschätzen sein als das, was letzten Endes bei dem Experiment des Christoph Kolumbus herauskam, als dieser sich entschloss, in die endlosen Weiten der Ozeane zu segeln.« Doch schloss er seine Ausführungen mit einer durchaus ernsten Warnung, über die es keine Diskussion geben kann: »Niemals sollte es aber einem Menschen erlaubt werden, ein Flugzeug zu fliegen, wenn er unter der Wirkung des Alkohols steht.«

Root schickte eine Kopie seines Artikels an den *Scientific American* und erteilte dem Redakteur die Erlaubnis, diesen auf jede Weise zu verwenden, die ihm sinnvoll erschien. Doch der Artikel wurde niemals veröffentlicht.

Am 1. Dezember 1904 flog Orville bereits beeindruckende fünf Minuten und acht Sekunden und legte dabei knapp fünf Kilometer zurück. Die Brüder hatten bis dahin immer noch nicht realisiert, dass ihre früheren Enttäuschungen in erheblichem Umfang auf das Zusammenspiel hoher Temperaturen und großer Luftfeuchtigkeit mit einem

»Also stellen Sie sich einmal diese weiße Lokomotive vor, mit Flügeln, die sich sechs Meter zu jeder Seite ausstrecken, und diese Lokomotive kommt mit einem gewaltigen Rauschen ihres Propellers direkt auf Sie zugeflogen, dann haben Sie in etwa eine Vorstellung davon, was ich gesehen habe.«

Amos I. Root, 1904

zu schwachen Motor zurückzuführen waren. Die Luft konnte das Flugzeug einfach nicht alleine tragen – und bei den vorherrschenden Witterungsbedingungen lieferte der Motor sogar noch weniger Leistung als bei kühlerem Wetter.

Doch es zeichnete sich die Lösung eines weiteren Rätsels im Zusammenhang mit der Luft ab, als die Gebrüder im Laufe der Zeit immer umfangreichere Erfahrungen mit dem Element sammelten, das zu erobern sie sich vorgenommen hatten.

Als sich das Jahr 1904 seinem Ende näherte, spürten die Wrights, dass sie das selbstgesetzte Ziel fast erreicht hatten. Nun wurde es langsam Zeit, sich ein wenig Anerkennung zu verschaffen. Während ihres Besuchs in St. Louis Anfang des Jahres hatte Colonel John B. Crapper von der Royal Army sie aufgefordert, der britischen Regierung ein Angebot zu unterbreiten.

Anfang Januar 1905 rief Wilbur seinen Kongressabgeordneten, Robert M. Nevin, an, um diesen um Rat zu fragen, wie man sich am besten mit dem amerikanischen Kriegsministerium in Verbindung setzen konnte. Als patriotische Amerikaner wollten die Wrights auf jeden Fall zunächst ihrer eigenen Regierung die Möglichkeit geben, ihr Flugzeug anzukaufen, bevor sie es in Übersee anboten. »Es

fliegt nicht nur mit großer Geschwindigkeit durch die Lüfte«, schrieb Wilbur, »sondern landet auch wieder auf dem Boden, ohne dabei zu Bruch zu gehen. Im Laufe des Jahres 1904 haben wir auf unserem Testgelände auf der Huffmann Prärie im Osten der Stadt 105 Flüge unternommen, und obwohl unsere Erfahrungen im Umgang mit der Flugmaschine noch zu kurz sind, um einen wirklich hohen Grad an Können erreicht zu haben, blieb uns der Erfolg dennoch nicht versagt und wir haben gegen Ende der Saison bereits zwei Flüge von jeweils fünf Minuten Dauer absolviert, bei denen wir immer wieder um das Flugfeld herumflogen, bis wir es auf eine Gesamtflugstrecke von rund fünf Kilometern brachten und das bei einer Geschwindigkeit von mehr als 55 Kilometern pro Stunde... Zahlreiche Flüge in gerader Linie, in Kreisen und in S-förmigem Kurs, bei Flaute und bei Wind, lassen heute die ziemlich sichere Aussage zu, dass die Fliegerei einen Punkt der Entwicklung erreicht hat, an dem sie auf die verschiedensten Arten von praktischem Nutzen sein kann, wozu sicherlich auch Aufklärungs- und Kurierdienste in Kriegszeiten gezählt werden können. Sollten die letztgenannten Fähigkeiten für unsere eigene Regierung von Interesse sein, würden wir uns außerordentlich freuen, wenn wir einen entsprechenden Auftrag entweder auf der

Bis zum November 1904 hatten Orville und Wilbur beachtliche Fortschritte mit ihrem Flugzeug erzielt. Jetzt schafften sie es bereits, ihren Flyer minutenlang in der Luft zu halten und in eleganten Kurven über das Feld zu steuern.

Basis der Bereitstellung von Maschinen in vorher festgelegter Spezifikation zu einem festgeschriebenen Preis bekommen würden, oder sämtliche wissenschaftlichen und praktischen Informationen, die wir in den Jahren unserer Experimente haben sammeln können, zusammen mit einer Lizenz auf unsere Patente liefern könnten, was unsere Regierung dann in die Lage versetzen würde, völlig unabhängig auf eigene Rechnung zu agieren…«

Der Abgeordnete Nevin nahm daraufhin umgehend mit dem erst kürzlich ernannten Kriegsminister William Howard Taft Kontakt auf. Die Antwort, welche bei den Wrights einging, schien eine Art Formbrief zu sein, der zum Inhalt hatte, dass etliche Anfragen nach finanzieller Unterstützung für die Entwicklung von Flugmaschinen eingegangen seien, die Behörde aber kein Interesse an Entwürfen habe, so lange die Konstruktionen »…nicht das Stadium der Einsatzfähigkeit erreicht hätten«. Das war genau das, was die Wrights geschafft hatten, doch schien es im ganzen Kriegsministerium niemanden zu geben, der diese Tatsache erkannt hatte.

In der Zwischenzeit war aber auch eine Einladung an die Gebrüder aus London gekommen, ihre Konditionen einzureichen. Die Wrights reagierten umgehend und bekundeten ihre Bereitschaft, einen Vertrag zu unterzeichnen, der zum Inhalt hatte, ein Flugzeug zu liefern, das in der Lage sein sollte, zwei Personen mit einer Geschwindigkeit von nicht weniger als 50 Kilometern pro Stunde 80 Kilometer weit durch die Luft zu befördern. Das Angebot der Wrights schloss die Pilotenausbildung sowie die Lieferung der Konstruktionsdetails mit ein. Der geforderte Preis war allerdings hoch: 2500 Dollar für jede beim Testflug abgeflogene Meile. Und dennoch wäre es fast ein Sonderangebot gewesen – gerade einmal 125 000 Dollar dafür, vor der ganzen restlichen Welt gestartet zu sein. So unglaublich es auch klingen mag, aber die britischen Militärexperten schüttelten nur die Köpfe, unfähig, die Möglichkeiten und die Vorteile der neuen Erfindung zu erkennen.

Als Nächste kamen dann die Franzosen an die Reihe, um mit den Gebrüdern Wright in Verhandlung zu treten. Dabei ging es um einen Vertrag für die Lieferung eines Flugzeugs für die französische Armee. Der Wert dieses Auftrags belief sich auf eine Million Francs (nach damaligem Umrechnungskurs etwa 200 000 US-Dollar). Einige Monate später nahm ein Offizier der französischen Armee und Flugbegeisterter, Capitain Ferdinand Ferber, Kontakt mit den Wrights auf. Doch Orville und Wilbur waren sich nicht sicher, ob es sich bei diesem Mann um einen Repräsentanten der Regierung Frankreichs oder eines Konsortiums von Geschäftsleuten oder einfach nur um einen wohlhabenden Sportsmann des Aéro-Clubs handelte. Zunächst machte alles einen recht aussichtsreichen Eindruck, doch im Laufe des folgenden Frühlings platzte das Geschäft dann doch.

Bislang hatten die Wrights noch nicht einen einzigen Cent durch ihre Flugmaschine verdient.

In den ersten Wochen des Jahres 1905 gab es kaum etwas anderes als Stürme, schwere Regenfälle, Eis und Schnee im Gebiet von Dayton, und als die beiden Brüder dann endlich wieder starten konnten, hatten sie immer noch die gleichen Schwierigkeiten damit, Kurven zu fliegen, wie in der gesamten Zeit zuvor. »Wir haben etliche Veränderungen bei den Steuerungshebeln vorgenommen«, informierte Wilbur Chanute noch im Juli, »und hatten einige Schwierigkeiten, uns gleich an sie zu gewöhnen. Doch wir sind uns sicher, dass sie sich als ausgezeichnet herausstellen werden, wenn wir gelernt haben, richtig mit den verschiedenen Kombinationsmöglichkeiten zurecht zu kommen. Allerdings haben sie uns bislang schon einige unglückliche Bruchlandungen beschert, die uns etliche Wochen Verzögerung einbrachten.«

Manchmal setzte die Maschine tatsächlich zum Turn an – weigerte sich dann jedoch, wieder aus dem Manöver herauszukommen. Ein bis zwei kleinere Abstürze waren allein auf dieses Phänomen zurückzuführen. Stimmte vielleicht irgendetwas Grundlegendes nicht mit ihrer Konstruktion? Oder war es einfach nur ihr Mangel an Erfahrung als Piloten? Also trafen sie die Entscheidung, zunächst einmal die (Seiten-)Ruder von der Flächenverwindung zu trennen und einen separaten Bedienhebel für das Seitenruder anzubringen. Sie überlegten, dass der Anbau separat ansteuerbarer Seitenruder die Stabilität des *Flyer* um seine Vertikalachse wahrscheinlich verbessern würde. So waren sie schließlich der endgültigen Lösung des Problems mit den Turns ganz nahe gekommen.

Wilbur schrieb dazu: »Die ganzen Schwierigkeiten kamen tatsächlich dadurch zu Stande, dass die Maschine bei einem Kreisflug die Belastung durch die Zentrifugalkraft zusätzlich zu ihrem eigenen Gewicht aufnehmen musste… Die fragliche Maschine verfügte nur über geringfügig mehr Vortrieb als für die Aufrechterhaltung des Geradeausfluges erforderlich war. Als dann die zusätzliche Belastung durch die Kreisbewegung hinzu kam, wurde der verbleibende Vortrieb sehr schnell immer geringer und unterschritt schließlich die Grenze, an der eine Maschine noch ausreichend

Fahrt hatte, um sich in der Luft halten zu können... Wir erkannten schließlich die wirkliche Ursache dieses Problems und wussten, dass sein Eintreten grundsätzlich vermieden werden konnte, indem wir die Maschine ein klein wenig nach vorn drückten, wodurch die Fluggeschwindigkeit erhöht [und ein Überziehen verhindert] wurde. Nun endlich fühlten wir uns wirklich bereit, unsere Flugmaschine auf den Markt zu bringen.«

Zu diesem Zeitpunkt hatten die Brüder bereits ihr Fahrradgeschäft völlig aufgegeben, obwohl Charlie Taylor immer noch die meiste Zeit in der Werkstatt verbrachte, wo er Teile des *Flyer* reparierte. Kaum besserte sich das Wetter, flogen sie auch schon wieder – und fanden die neuen Steuerhebel gefährlich kompliziert zu bedienen. Orville stürzte am 14. Juli 1905 ab und zerbrach dabei die obere Tragfläche. Glücklicherweise blieb er selbst unverletzt. Im August vergrößerten sie die Fläche des Höhenruders von 4,6 auf 7,8 Quadratmeter und brachten es über dreieinhalb Meter vor den Tragflächen an. In der Hoffnung, die Steuerung dadurch leichter zu machen, vergrößerten sie auch gleich noch das Seitenruder von 1,85 auf 3,25 Quadratmeter.

Anfang September startete Wilbur und flog vier volle Runden um das Flugfeld, und schon einen Tag später schaffte er es, eine komplette Achter-Figur zu fliegen. Doch dann verschlechterte sich das Wetter und die Brüder zogen sich mit ihrem *Flyer* in den Hangar zurück, um ihn weiter zu modifizieren. Dabei eliminierten sie das Durchhängen der Tragflügel (in der heutigen Fachsprache als *anhedral* bezeichnet: Die V-förmige Abwärtsneigung der Tragflächen von ihren Wurzeln zu den Spitzen hin) und fertigten einen neuen Satz Propeller an, da sie mit der Leistung der ursprünglichen nicht zufrieden waren, und vermuteten, dass sich diese während des Fluges verzogen. In ihrer unermüdlichen und gleichzeitig sorgfältigen Art machten sie sich daran, die Richtigkeit ihrer Vermutung durch die Montage kleiner, höhenruderähnlicher Flächen hinter jedem Propeller unter Beweis zu stellen – »kleine Joker«, nannten sie diese Vorrichtungen. Es war ein Leichtes, diese in einem bestimmten Winkel anzubringen, um einerseits die Steigung des Propellers zu beeinflussen und andererseits den Druck auszugleichen, welcher die Propellerblätter zu verformen

schien. Diese Untersuchungen führten schließlich zur Herstellung von Propellern, die nach hinten gebogen waren, und diese stellten tatsächlich die Lösung des Problems dar.

Der neue *Flyer* war gegen Ende September fertiggestellt, und er war der Welt erstes wirkliches Flugzeug – eines das über separate Höhen-, Quer- und Seitenruder verfügte, die über entsprechende Steuerelemente bedient wurden. Zum Ende des Jahres flogen die Wrights diese Maschine wieder und wieder um das Flugfeld in Huffmanns Prärie. Hunderte von Einheimischen beobachteten diese Flüge, und für die

Am 29. September 1905 stellten die Wrights vor einer großen Menschenmenge unter Beweis, dass sie die Kräftelehre des Fliegens zu beherrschen gelernt hatten. Ihr neuer Flyer *konnte bereits länger als eine halbe Stunde in der Luft bleiben und dabei komplizierte Achter-Figuren und Wenden fliegen. Damit hatten sie der Welt das erste wirklich verwendungsfähige Motorflugzeug beschert.*

Fahrgäste in der Regionalbahn wurde der Anblick des Flugzeugs schon bald zu einer alltäglichen Angelegenheit. So war es unvermeidlich, dass bald darauf auch die Presse Wind davon bekam. Anfang Oktober waren die Zeitungen voll von Artikeln über die sensationellen Vorgänge, die sich da in der Nähe von Dayton abspielten – unglaubliche Flüge von mehr als einer halben Stunde Dauer, bei denen die Flugmaschine mehr als 50 Kilometer zurücklegte.

Und jetzt, gerade im Augenblick ihres größten Triumphes, stellten die Brüder Wright von einem Augenblick zum anderen jedwede fliegerische Aktivität ein.

Die erste praktisch verwend- bare Flug- maschine

Der Flyer von 1905 war eine ausgespro- chen elegante Maschi- ne. Angefangen von ei- nem vergleichsweise einfachen Flansch, mit dem eine Strebe an der oberen Tragfläche be- festigt wurde (links) bis hin zu präzisen Sti- chen der Nähte im Ge- webe der Bespannung (rechts, ganz oben), überall trat der techni- sche Scharfsinn der Wrights zutage. Rechts, Mitte: Eine Propeller- nabe am neuen Flyer trägt noch das Jahr ihrer Herstellung. Rechts, unten: Zu- sätzlich zu etlichen Veränderungen wies der Flyer von 1905 unzählige kleine Ver- besserungen auf. Bei den Vorgängermodel- len waren die Seile für die Betätigung der Flächenverwindung noch über Riemen- scheiben geführt wor- den, während beim Modell von 1905 Fahr- radketten diese Auf- gabe übernahmen. Rechte Seite: Die Befestigungen für die Entenflügel des Flugzeugs von 1905.

Wie groß die Aufregung und Zufriedenheit der Wrights über ihren ersten Flug im Dezember 1903 auch gewesen sein mochte, sie gaben sich keinen Illusionen darüber hin, dass dies nur der erste Schritt auf dem Weg zum praktisch nutz- baren Motorflug war. Ja, natürlich waren sie geflogen – doch dieser Flug war lediglich in Geradeausrichtung und ohne Hö- henwechsel verlaufen. Es hatte also weder Kurvenflüge noch Steig- oder Sinkflüge gegeben, und Steuermöglichkeiten bestanden nur in minimalem Umfang.

Im Laufe der folgenden Monate verbesserten Wilbur und Orville die Konstruktionsmerkmale des *Flyer* weiter, bis sie schließlich im Oktober 1905 zu dem Schluss kamen, eine wirklich verwendbare Flugmaschine geschaffen zu haben.

Der *Flyer* von 1905 wartete mit einigen recht signifikanten Modifikationen auf. Das anhedrale (zu den Flächenspitzen hin geneigte) Bild der Tragflächen war verschwunden, das den *Fly- er* von 1903 noch so instabil in Bezug auf seine Rollbewegun- gen gemacht hatte. Um ein später aufgetauchtes Problem mit

Wellenbewegungen in den Griff zu bekommen (durch das Auf- und Abschaukeln der Flugzeugnase hervorgerufen), hatten die Wrights die Entenflügel weiter nach vorn verlagert und gleichzeitig vergrößert – wodurch die Stabilität der Maschine um ihre Querachse nur marginal beeinträchtigt, die Steuerfähigkeit jedoch verbessert wurde. Aber die wichtigste Neuerung bestand darin, dass nun die Steuerung für die Ruder und die Flächenverwindung separat erfolgte. Dadurch wurde die Aufgabe des Piloten zwar umfangreicher, verschaffte ihm zum Ausgleich aber entschieden bessere Steuermöglichkeiten für den Kurvenflug. Dabei traf Wilbur auch die Entscheidung, da die beiden Steuerungen nun unabhängig voneinander funktionierten, dass der Schwanz, über welchen die Gierbewegungen kontrolliert wurden, zu klein sei und geändert werden sollte. Also wurde auch dieser Bereich vergrößert und gleichzeitig über einen halben Meter weiter nach Achtern verlagert. Das Resultat bestand aus einer spürbaren Verbesserung der Richtungsstabilität der Maschine.

Frustriert durch den völligen Mangel an Interesse seitens der amerikanischen Regierung – oder genauer gesagt, deren Mangel an Verständnis – und überzeugt, dass jeder sie ohnehin nur hintergehen wollte, entschieden Orville und Wilbur, dass der einzige Weg, das bisher von ihnen Geschaffene zu schützen, darin bestand, es geheim zu halten, bis ein seriöser Geschäftsabschluss unter Dach und Fach gebracht worden war.

In der Zwischenzeit setzten sie jedoch ihre Arbeiten an ihrem *Flyer* fort. Der Antrieb wurde verstärkt und eine aufrechte Sitzposition ermöglicht. Doch die ganze Zeit über weigerten sie sich standhaft, irgendwelche Pläne oder Fotos zu veröffentlichen. Im Frühling des Jahres 1907 schiffte sich Wilbur nach Europa ein, um dort die geschäftlichen Möglichkeiten in London, Paris und Berlin zu erkunden. Orville und Charlie folgten ihm später nach. Die Brüder hatten ihr Flugzeug in eine Kiste verpackt, um sie vor neugierigen Blicken zu schützen, und ebenfalls nach Europa verfrachtet. Wäre es dazu gekommen, dass die Gebrüder Wright mit ihrer Maschine in Europa geflogen wären, der Kontinent hätte ihnen zu Füßen gelegen.

Im gleichen Zeitraum hatten die Wrights allerdings noch einmal versucht, die US Army erneut für ihr Projekt zu interessieren, indem sie mitteilten, sie seien jetzt so weit, eine Maschine zu liefern, die mit einer Person an Bord mehr als 160 Kilometer weit fliegen konnte.

Doch das Army Board of Ordnance and Fortification [Rüstungs- und Beschaffungsamt des Heeres] schickte ihnen im Grunde den gleichen Brief, den sie schon einige Monate zuvor über den Abgeordneten Nevin zugestellt bekommen hatten. Doch auch die gleichzeitig angestellten Nachforschungen, was ihre Kontakte nach Frankreich und Großbritannien anging, verliefen im Sande.

Die Wrights hatten 1903 zum ersten Mal versucht, ein Patent auf ihre Erfindung anzumelden, wurden aber vom amerikanischen Patentamt zurückgewiesen, weil sie den dazu gesetzlich vorgeschriebenen Weg umgangen hatten. Daraufhin nahmen sie Kontakt mit einem Patentanwalt namens Harry A. Toulmin auf. Kurze Zeit später erhielten die Gebrüder Wright den Brief einer Person, die behauptete, bereits ein Patent auf ein Flugzeug zu besitzen, und vorschlug, eine gemeinsame Firma zur Vermarktung des *Flyer* zu gründen – »...mit einem Zweidrittelanteil für Sie beide und einem Drittel für mich...«. Der Verfasser des Briefes war niemand anderer als Augustus Herring, Chanutes ehemaliger Partner. Die Wrights ignorierten diesen

Brief, doch sollte er nicht das Letzte sein, was sie vom opportunistischen Mr. Herring zu hören bekamen.

Der fast dreijährige Ausstieg der beiden Brüder aus der Fliegerszene führte – unvermeidlich – dazu, dass andere dafür ins Rampenlicht traten. Glenn Curtiss aus Hammondsport im Staate New York war nur wenige Monate jünger als die Wrights, und, wie es der Zufall wollte, ebenfalls im Fahrradhandel groß geworden. Ihm gehörten drei Fahrradgeschäfte und er hatte bereits einige Radrennmeisterschaften gewonnen, bevor er gegen Ende der 1890er Jahre sein Abschlussexamen in der Konstruktion von Motorradantrieben machte. Ein von ihm entwickeltes Motorrad brach 1907 mit einer Spitzengeschwindigkeit von 218 Kilometern pro Stunde alle bestehenden Rekorde. Im Jahr darauf nahm Alexander Graham Bell Kontakt mit ihm auf und kaufte zwei Curtiss-Motoren. Sie waren für die Aerial Experiment Association, eine Gruppe begeisterter Flugexperimentatoren, bestimmt, deren Vorsitzender er war. Der Generalsekretär dieser AEA abgekürzten Vereinigung war ein Lieutenant der US Army namens Thomas E. Selfridge. Dieser Verein hatte schon bald darauf etliche Flugzeuge in der Luft: die *Red Wing*, gesteuert von dem Kanadier F. W. »Casey« Baldwin, die *June Bug*, mit Curtiss selbst am Knüppel, mit der er den mit 2500 Dollar dotierten Silberpokal der Zeitung *Scientific American* gewann, und die *Silver Dart*, die Glenn Curtiss mit einem weiteren Kanadier, John McCurdy, gemeinsam konstruiert hatte und die von beiden geflogen wurde.

Die Maschinen der AEA verfügten über bewegliche Querruder, die an den Spitzen der Flächen angebracht waren. Bell selbst verlor keine Zeit, jedweder Kontroverse mit den Gebrüdern Wright zuvor zu kommen. »Mir sind die genauen Begleitumstände unbekannt, die zu einer Übernahme der beweglichen Flügelenden führten, da ich mich damals gerade in Washington aufhielt. Doch wenn, und ich habe berechtige Gründe dies anzunehmen, ihre Übernahme auf meinen Vorschlag hin erfolgte, bewegliche Flügelkanten zu verwenden, die ich in einem Brief an Mr. Baldwin erwähnte, darf ich behaupten, dass dieser Vorschlag meinerseits ohne irgendwelche Kenntnis dessen erfolgte, was die Gebrüder Wright gemacht haben.«

Curtiss sagte: »Wir sind durchaus vertraut mit dem Flächenverwindungssystem der Wrights und trugen uns mit der Hoffnung, ein alternatives Balance-System zu entwickeln... Die zweite Maschine wurde dann mit etwas ausgerüstet, was wir später als Ailerons (Querruder) bezeichneten....« Zuvor hatte schon Lieutenant Selfridge an die Gebrüder Wright

Oben: Der Kanadier John McCurdy überfliegt in seinem Silver Dart, den er zusammen mit Glenn Curtiss baute, den Bras d'Or-See. Unten, links: Glenn Curtiss sitzt an der Steuerung eines seiner eigenen Flugzeuge. 1908 flog er seine Maschine June Bug (unten, rechts) eine Stunde lang im Dauerflug.

geschrieben und um Informationen über deren Flugzeug gebeten. Wilbur hatte auf dieses Schreiben geantwortet und auf das 1906 erteilte Patent verwiesen, in welchem das Flächenverwindungssystem bis ins Detail beschrieben war. Ohne den geringsten Zweifel, das Patent der Gebrüder Wright umgangen zu haben, baute Curtiss die Querruder bei den AEA-Maschinen in der Mitte der Flügel ein. Daraufhin protestierten die Wrights und informierten Curtiss, dass sie in seiner Handlungsweise eine Verletzung ihrer Patentrechte sähen, und kündigten an, ihn vor Gericht zu bringen, sollte er damit fortfahren, weitere Zur-Schau-Stellungen oder irgendwelche kommerziellen Nutzungen der Wright'-schen Erfindung zu betreiben. Sie boten ihm allerdings an, auf der Basis eines Lizenznehmers weiter arbeiten zu dürfen. Curtiss Antwort fiel ebenso kurz, wie schroff aus: Er habe nicht die Absicht, »ins Schaustellergewerbe zu wechseln«, erklärte er und übergab die Patentangelegenheiten an den Generalsekretär der AEA, Selfridge. Damit war der Startschuss zu einer ganzen Serie erbitterter Rechtsstreitigkeiten zwischen den Wrights und Curtiss gefallen, die sich über

mehr als ein Jahrzehnt hinziehen sollten. Die letzte Maschine der ASE, die *Silver Dart*, flog gegen Ende des Jahres 1908 zum ersten Mal. Sie wurde von einem 50 PS starken Motor angetrieben, der knapp über 90 Kilogramm schwer war. Damit war er gleichwertig mit den besten französischen Motoren der damaligen Zeit. Die *Silver Dart* stellte einen gewaltigen Schritt nach vorn in der Entwicklung der motorisierten und bemannten Fliegerei dar.

Ein paar Monate zuvor hatte es für die beiden Brüder in Dayton einige recht ermutigende Fortschritte gegeben. Letztendlich hatte das US Army Signal Corps [Fernmeldetruppe des Heeres] entschieden, dass sie das Flugzeug der Gebrüder Wright vielleicht doch haben wollten. Innerhalb weniger Wochen hatten die Wrights einen Vertrag mit Lazare Weiller, einem wohlhabenden Franzosen, geschlossen, in dem die Bildung eines Syndikats vereinbart wurde, welches sämtliche den Bau, den Vertrieb und die Lizenzierung der Wright-Flugzeuge betreffenden Rechte in Frankreich kontrollieren sollte. Daheim in Amerika spezifizierte inzwischen das Signal Corps das Lastenheft für ein Flugzeug, in

Linke Seite: 1908 war das alte Lager in Kitty Hawk vom Verfall gezeichnet. Oben: Die neuste Version des Flyer *steht auf den Dünen bereit zu Tests und Übungsflügen. Fünf Jahre nach dem historischen ersten Flug verfügten die Wrights nun über eine Maschine, die bis zu über eine Stunde in der Luft bleiben konnte.*

dem vorgegeben wurde, dass eine solche Maschine zwei Personen und Treibstoff für einen Flug über eine Strecke von 200 Kilometern mit einer Mindestgeschwindigkeit von 60 Kilometern in der Stunde bewältigen sollte. Die Wrights wollten sofort mit den Arbeiten an der neuen Maschine beginnen, kehrten zunächst aber noch einmal nach Kitty Hawk zurück, um dort ihr fliegerisches Können zu verbessern, da sie ja seit einigen Jahren aus der Übung gekommen waren.

Anfang Mai des Jahres 1908 trafen die beiden Brüder auf ihrem alten Camp ein und waren schockiert von dem Anblick, der sich ihnen dort bot. Die Naturelemente hatten praktisch alles zerstört. Das Camp musste von Grund auf neu errichtet werden. Außerdem hatten sie auch noch mit den allgegenwärtigen Zeitungsreportern zu kämpfen. Die meisten der Reporter oder Besucher waren eine wirkliche Plage, doch nicht alle. Charles W. Furnas, ein fähiger Mechaniker aus Dayton, betrat eines Tages das Camp und bot seine Dienste in der ganzen Bandbreite seiner Fähigkeiten an, und die Wrights verloren keine Minute, ihn einzustellen.

Am 14. Mai nahm Wilbur Furnas mit auf einen Flug, wodurch der Mechaniker aus Dayton zum ersten Flugzeugpassagier der Welt wurde. Kurze Zeit später stürzte Wilbur ganz übel ab, nachdem er den *Flyer* überzogen hatte. Obwohl die Maschine dabei genau genommen völlig zu Bruch ging, überlebte er selbst glücklicherweise und trug nur ein paar blaue Flecken und Schnittverletzungen davon.

Wilburs Absturz setzte der Flugsaison in Kitty Hawk ein Ende, und auf die Gebrüder Wright wartete in Dayton noch einiges an Arbeit. Die Testflüge für das Signal Corps sollten im September in Fort Myer in Virginia stattfinden. Da informierten die Franzosen die Wrights, dass man nicht bereit sei, weitere Verzögerungen zu tolerieren; sie sollten umgehend nach Frankreich kommen, um dort ihr Flugzeug vorzuführen. Wilbur und Orville besprachen die Angelegenheit und fällten die Entscheidung, dass Wilbur nach Frankreich reisen sollte, während Orville nach Dayton zurückkehrte, um alles für die Tests des Signal Corps vorzubereiten.

Als Wilbur am 28. Mai 1908 in Frankreich eintraf, wurde er zum Katalysator für den Ausbruch einer Revolution.

Von Überheblichkeit und Überfliegern

»Alle Franzosen haben die Fliegerei im Blut… Vielleicht schaffen es die Ausländer eines Tages, unseren Motoren etwas … entgegenzusetzen, aber niemals werden sie mit unseren Fliegern gleichziehen können.«

Alfred Leblanc, 1905

Es ist schon eine merkwürdige Tatsache, dass alle Welt Paris für die Hauptstadt der Fliegerei hielt, obwohl das Flugzeug in den Vereinigten Staaten von Amerika erfunden wurde. Eine der wahrscheinlichsten Erklärungen dafür dürfte die sein, dass diese Stadt lange Zeit mit der Leichter-als-Luft-Fliegerei identifiziert wurde. Hatten denn nicht die Gebrüder Montgolfier, nach ihrem ersten Flug, der 1783 in Südfrankreich stattfand, viele ihrer Ballonexperimente in dieser Stadt durchgeführt? Also stand es außer Frage, dass es auch die Bestimmung Frankreichs sein musste, die Führungsrolle in der Welt der Aeronautik zu spielen. »Alle Franzosen haben die Fliegerei im Blut… Vielleicht schaffen es die Ausländer eines Tages, unseren Motoren etwas Gleichwertiges entgegenzusetzen, aber niemals werden sie mit unseren Fliegern gleichziehen können. Um zu wissen, wie man richtig fliegt, ist es erforderlich, eben über die Qualitäten zu verfügen, die unser nationales Erbe bestimmen«, machte Alfred Leblanc noch geltend. Aber wie konnten diese Yankees, Wilbur und Orville Wright, so viel erreichen, ohne dass auch nur ein einziger Tropfen französisches Blut in ihren Adern pulsierte?

Für die meisten Franzosen war der Unterschied zwischen Ballonen, Luftschiffen und Flugzeugen allerdings eine recht verschwommene Angelegenheit. Nicht so für Capitaine Ferdinand Ferber, einen Berufsoffizier des französischen Heeres. Ferber war Dozent für Grundkurse in Ballistik an der L'Ecole d'Application de Fontainbleau und schien in jeder Hinsicht ein typischer Vertreter seines Schlages zu sein.

Aber er hatte eine große Leidenschaft – die Fliegerei. Er war ein großer Bewunderer des deutschen Segelfliegers Otto Lilienthal und hatte sein erstes eigenes Flugzeug, einen Drachenflieger, im Sommer des Jahres 1898 gebaut. Dieser unermüdliche Capitaine baute anschließend noch drei weitere Modelle, von denen eines bemerkenswert gut segelte, nachdem er damit von einer Plattform aus abgesprungen war. Ferbers Gleiter waren Eindecker mit einer Formgebung, welche an die vieleckiger Drachen ohne Schwanz angelehnt war. Obwohl er fast zur gleichen Zeit wie die Gebrüder Wright mit seinen Flugversuchen begann, lag er schon bald in den technischen Leistungen hinter ihnen zurück. Seine Flugzeuge waren ziemlich primitiv und entbehrten einer wirkungsvollen Flugsteuerung, als die Wrights bereits die Steuerung ihrer Gleiter gemeistert hatten – mit dem Segeltuchschwanz ihrer Flugzeuge die Nickrichtung und durch die Flächenverwindung die Querneigung. 1903 hörte Ferber Octave Chanutes Vortrag vor dem Aéro-Club de France und versuchte anschließend alles, an eine Einladung ins Camp der Wrights in den Hügeln bei Kill Devil zu kommen. Doch hier blieb ihm der Erfolg versagt.

Im März 1904 experimentierte Ferber in der Nähe von Calais mit seinem neusten Gleiter, den er auf der Grundlage der Wright'schen Konstruktion gebaut hatte. Doch die Resultate waren enttäuschend, was wohl in erster Linie darauf zurückzuführen war, dass er verabsäumt hatte, die Flugsteuerungssysteme der Gebrüder Wright für sein Flugzeug zu übernehmen. Zur selben Zeit begann ein wohlhabendes

Linke Seite: Capitaine Ferdinand Ferber setzt mit einem seiner komplizierten Gleiter in Nizza am 15. Januar 1902 zur Landung an.

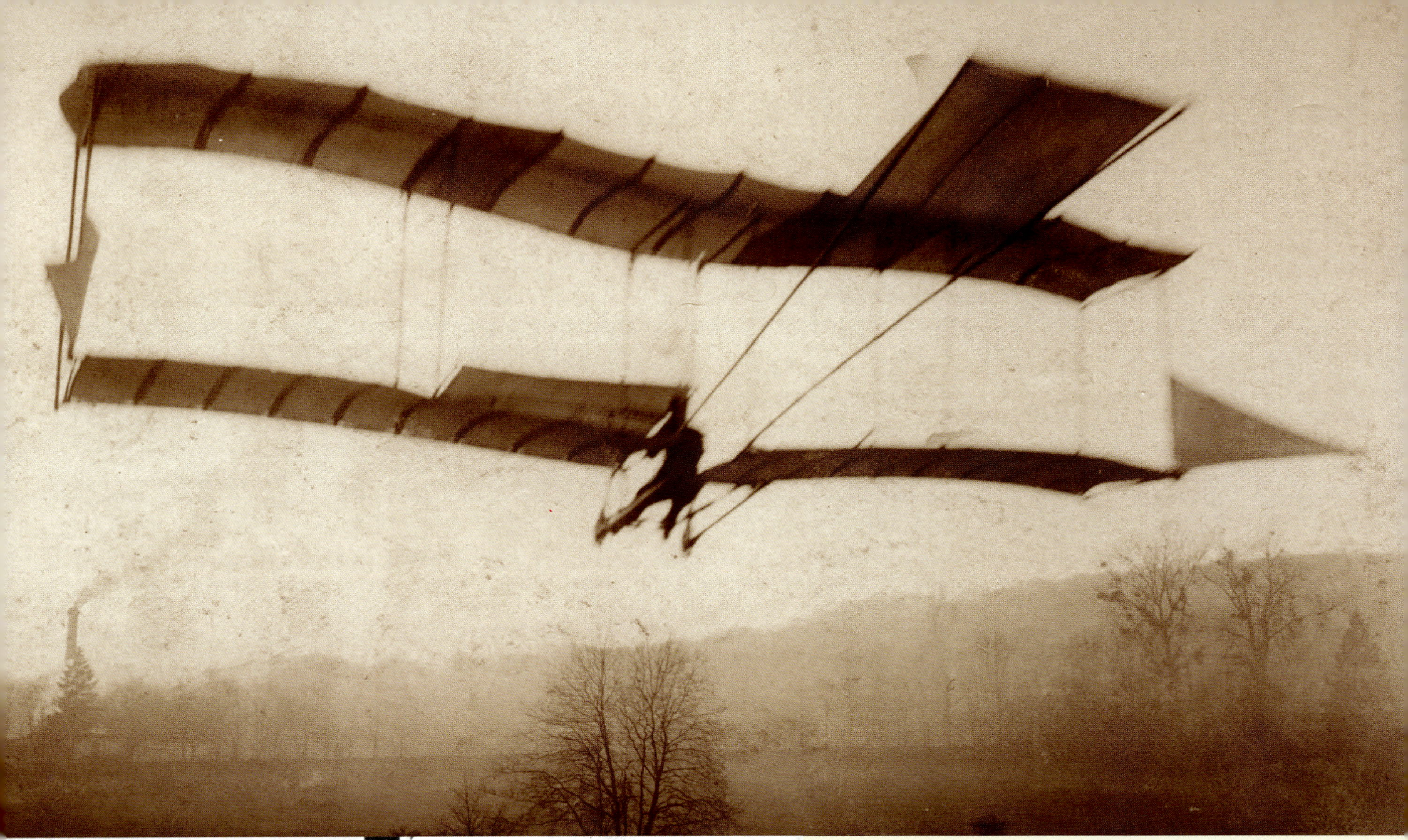

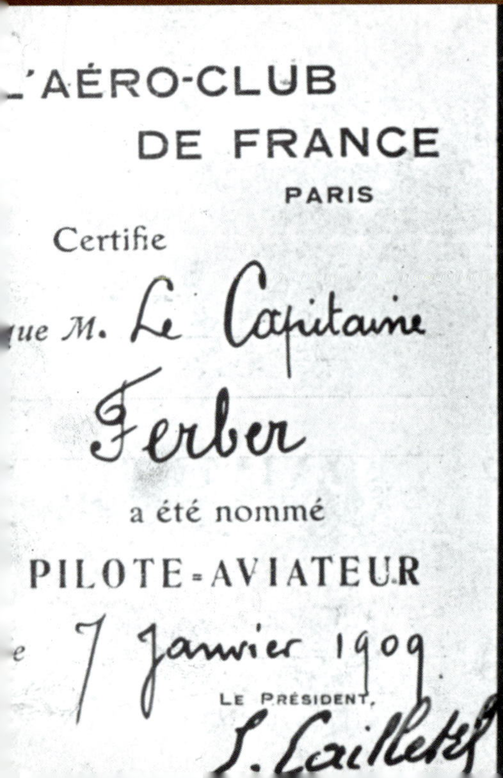
L'AÉRO-CLUB
DE FRANCE
PARIS
Certifie
ue M. Le Capitaine
Ferber
a été nommé
PILOTE-AVIATEUR
e 7 Janvier 1909
LE PRÉSIDENT,

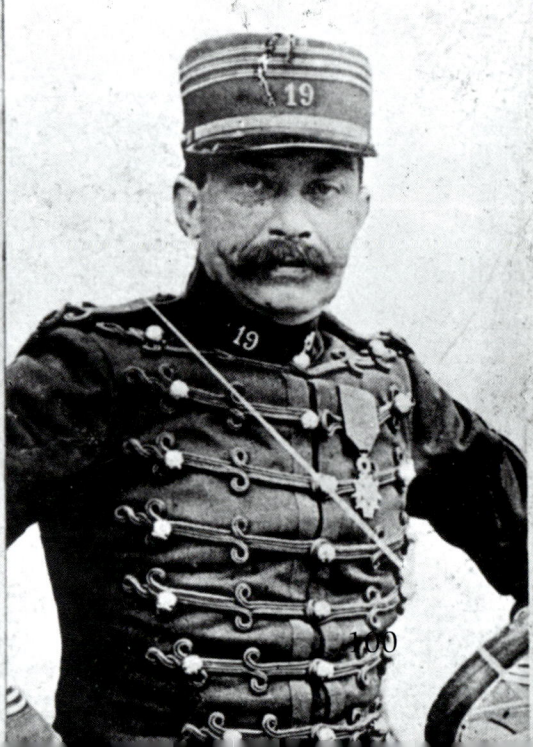

Die Leidenschaft eines Franzosen für die Fliegerei

Capitaine Ferdinand Ferber (links) baute zahlreiche Gleiter und motorgetriebene Flugzeuge, von denen einige (oben) frei auf der Basis der Wright'schen Konstruktion entstanden. Er ist vor allem wegen seiner Begeisterung für die Fliegerei in Erinnerung geblieben, die er dadurch in Frankreich sehr gefördert hat – mit Unterstützung von Organisationen wie dem Aéro-Club de France (links außen sein Mitgliedsausweis) und wohlhabenden Mäzenen, die lukrative Anreize durch Preisgelder schufen, um die fliegerische Entwicklung in Frankreich voranzutreiben.

Mitglied des Aéro-Clubs in Paris, der in Irland gebürtige Ernest Archdeacon, attraktive Preise für außergewöhnliche Flüge auszuschreiben: den Archdeacon-Pokal für den ersten angetriebenen Flug in Frankreich über 25 Meter, 1500 Francs für den ersten angetriebenen Flug über 100 Meter und den Deutsch-Archdeacon Preis in Höhe von 50 000 Francs für das vollständige Abfliegen eines Kreises von einem Kilometer Durchmesser in Europa.

In der Zwischenzeit war Ferber im April 1904 zur Ballon Station Le Parc de Chalais in Meudon, einem Vorort von Paris, kommandiert worden. Der dortige Kommandeur, Colonel Charles Renard, ein Ballon- und Luftschiff-Enthusiast, versprach Ferber, ihn bei seinen experimentellen Schwerer-als-Luft-Flügen zu unterstützen. In den folgenden Monaten entwarf Ferber ein geniales Startsystem für seinen Flugapparat, das aus drei hohen Masten bestand. Durch die Wirkung von Flaschenzügen und Seilen konnte er seinen Gleiter etwa zehn Meter hoch heben und dann für die Versuchsflüge ausklinken.

Während seiner Zeit in Nizza hatte Ferber sein Flugzeug Nr. 6 gebaut, und kurz nach seiner Ankunft in Meudon daran einige Modifikationen vorgenommen, wobei er auch am Heck ein Höhenleitwerk anbrachte und zwei Räder montierte, um die Landungen zu erleichtern. Jetzt konnte seine Nr. 6 stolz gleich zwei horizontale Schwänze vorweisen, von denen sich je einer vorn und einer achtern an der Maschine befand, obwohl lediglich der vordere steuerbar war. Ferbers Flugmaschine mangelte es nach wie vor an jeder Art von Querruder, doch hatte er mit Auslegern zu experimentieren begonnen, die er an den Flügelspitzen montierte. Ohne einen senkrechten Schwanz tendierte seine Maschine jedoch dazu wegzurutschen und wies zeitweilig auch heftige Gierbewegungen auf. Ferbers Grundkonstruktion mit einem vertikalen Schwanz wurde später von Alberto Santos-Dumont und Voisin in Frankreich und auch von Glenn Curtiss in den Vereinigten Staaten verwendet.

Ferber hatte in seine Nr. 6 auch einen Motor mit einer Leistung von sechs PS eingebaut, welcher zwei koaxial wirkende Zugpropeller antrieb, womit die Maschine jedoch hoffnungslos untermotorisiert war. Also erwarb er einen anderen Motor mit der doppelten Leistung und baute diesen in seine Nr. 6 ein – die danach in Nr. 7 umbenannt wurde. Am 27. Mai 1905 startete Ferber seine neue Maschine von den Masten und führte einen angetriebenen Gleitflug durch, im Laufe dessen er das Gleitverhältnis von 1:5 auf 1:7 verringerte. Das war der erste angetriebene Flug in Europa.

Der *Flyer* von 1903 war noch eine gefährlich instabile Maschine gewesen, die niemand außer den Wrights hätte fliegen können. Und auch sie schafften es nur, weil sie erhebliche Zeit darauf verwendeten, die Maschinen, die sie selbst gebaut hatten, auch fliegen zu können. Während des ganzen Jahres 1904 und eines großen Teils des folgenden Jahres verfolgten sie ein intensives und sorgfältig geplantes fliegerisches Entwicklungsprogramm – wobei sie ihre Maschine immer weiter in ihrer Leistung und Verwendbarkeit verbesserten. Am 5. Oktober 1905 flog Wilbur schließlich zum ersten Mal 38 Minuten und 3 Sekunden lang, wobei er die Maschine die ganze Zeit über voll in der Gewalt behielt, und legte dabei 39 Kilometer zurück. Der Flug endete erst, als ihm der Sprit ausging.

In Frankreich befand sich Ferber derweil in einer Art Pechsträhne. Sein Gönner Renard war unerwartet gestorben, und jetzt erhielt Ferber kaum noch Unterstützung von seinen Vorgesetzten. Seine Experimente wurden beschnitten, obwohl er auch weiterhin seine Gleitflüge mit Motorantrieb durchführte. In dieser Zeit verwendete er einen einzelnen Propeller, der die Maschine jedoch während des Fluges in eine Drehbewegung versetzte. Um diesen Effekt zu kompensieren, brachte Ferber bewegliche Ausleger an den Flügelspitzen an. Unglücklicherweise richtete er diese jedoch falsch aus, wodurch sie kaum Wirkung zeigten und im Grunde nicht zu gebrauchen waren.

Doch dies war lediglich ein weiteres Beispiel für die Unfähigkeit der Franzosen, das Problem mit der Steuerung eines Flugzeugs zu lösen. Ein äußerst innovationsfreudiger französischer Pionier der Luftfahrt, Robert Esnault-Pelterie, schrieb in der Fachzeitschrift *L'Aérophile* über die Erfahrungen, welche er mit seinem Nachbau des Wright-Gleiters von 1902 gemacht hatte. Er hatte versucht, die Leistung der Brüder aus Dayton zu wiederholen, es aber nicht geschafft und dafür die Sache mit der Flächenverwindung verantwortlich gemacht. Stattdessen schlug er vor, bewegliche Leitwerke zu verwenden. Auf diese Weise erfanden die Franzosen scheinbar die Höhenleitwerke, weil sie nicht mitbekommen hatten, dass bereits im Jahre 1859 ein Engländer namens M. P. W. Boulton genau das getan hatte. Ein anderer Engländer, Richard Harte, hatte an Scharnieren aufgehängte Klappen an den Abrisskanten der Tragflächen vorgeschlagen, was im Jahre 1870 ohne Zweifel ein sehr fortschrittlicher Gedanke war. Doch erfuhren diese beiden Neuerungen damals keine praktische Umsetzung. Tatsächlich scheint es sogar so gewesen zu sein, dass die ersten Pioniere der Luftfahrt keine Ahnung hatten, dass es diese Entwicklungen überhaupt gab. (Esnault-Pelterie war ein bemerkenswerter Mann, denn er dachte bereits in diesem Frühstadium der Luftfahrt über die Möglichkeiten der Raumfahrt und über Strahltriebwerke nach.)

1905 wurde in Frankreich viel über die angeblichen Unzulänglichkeiten der Wright'schen Flugmaschine geredet. Die Franzosen nährten immer noch die Hoffnung, den Wrights die Führung zu entreißen und Frankreich wieder in die Spitzenposition der Welt-Luftfahrt aufrücken zu lassen. Doch es war allein Ferber, der weiter daran arbeitete, ein vollständig steuerbares Flugzeug zu bauen. Berücksichtigt man aber die Einstellung, die seine Vorgesetzten vertraten, dürfte dies ein nicht gerade leichtes Unterfangen gewesen sein. Hinzu kam, dass er den Wert der Arbeiten von Esnault-Pelterie nicht richtig einzuschätzen wusste. Diese wurden schließlich von Santos-Dumont und Bleriot in Frankreich und Curtiss in den Vereinigten Staaten aufgegriffen und weiterentwickelt und führten zur Herstellung der ersten modernen Höhenleitwerke. Anfang Oktober schrieben die Wrights an Ferber, um endlich doch noch ihr Interesse daran zu bekunden, ihm Lizenzrechte für ihr Flugzeug anzubieten. Ferber reagierte umgehend mit einem Kaufangebot – allerdings mit dem Vorbehalt, dass, sollte er selbst Erfolg haben, der Kaufpreis sich entsprechend reduzieren würde. Die Antwort der Wrights kann als Meisterstück für taktvolles und diplomatisches Vorgehen angesehen werden. Die beiden Brüder gratulierten Ferber zu seiner Arbeit. »Aller Wahrscheinlichkeit nach gibt es niemanden auf der Welt, der besser in der Lage wäre als wir, die Bedeutung Ihrer Resultate einzuschätzen… Frankreich kann sich glücklich schätzen, einen Ferber zu besitzen.«

Dank der Arbeiten des Capitaine würde sich Frankreich also in einer erheblich besseren Ausgangsposition befinden, wenn es sich zur Verwendung des Wright'schen Flugzeugs in der Praxis entschied. Folglich reduzierten die Wrights den Preis für die französische Regierung auf eine Million Francs (die damals etwa 200 000 US-Dollar wert waren), zahlbar im Anschluss an einen einstündigen oder kürzeren Demonstrationsflug von wenigstens 50 Kilometern Länge.

Im Laufe der damit verbundenen Korrespondenz gaben die Wrights einen unglückseligen (wenn auch zutreffenden) Kommentar über die politische Situation in Europa ab, indem sie bemerkten, dass sich der deutsche Kaiser Wilhelm offensichtlich in »aufsässiger Stimmung« befand. Diese Äußerung sollten die beiden Brüder noch bitter bereuen.

In der Zwischenzeit berichtete Ferber seinen Vorgesetzten von den bemerkenswerten Leistungen der Wright'schen Flugmaschine. Doch die Generäle blieben skeptisch und bezweifelten die Urteilsfähigkeit eines jungen Offiziers niedrigen Dienstranges.

Frustriert zeigte Ferber den Brief der Gebrüder Wright Ernest Archdeacon, dem in Irland geborenen und in Paris lebenden Rechtsanwalt. Doch auch damit verschwendete er nur seine Zeit. Archdeacon nahm gegenüber den Forderungen der Wrights eine vergleichbar skeptische Haltung wie die Armee ein. Tatsächlich verstieg er sich sogar so weit, einen Artikel in der Zeitschrift *Les Sports* zu veröffentlichen, in welchem er die Behauptung aufstellte, die Gebrüder Wright würden nur »bluffen«. Archdeacon wehrte sich mit Händen und Füßen gegen den Abschluss dieses Geschäftes mit den Gebrüdern Wright. Es sei erheblich besser, schlug er vor, ein französisches Konsortium zu finanzieren, das lediglich 200 000 Francs statt der gleichen Summe in Dollar kosten würde. Eigentlich sollten sie selbst mit vereinten Anstrengungen in der Lage sein, in Bälde ein vergleichbares oder vielleicht sogar noch besseres Flugzeug als das der Wright-Brüder herzustellen.

Zweifellos eine frustrierende Zeit für die Wrights. Es schien so, als hätten sich ihre sämtlichen Verhandlungen festgefahren. In der Absicht, ein wenig Druck auszuüben, schickten die beiden Brüder Briefe an den *Scientific American*, die *Royal Aeronautical Society* in Großbritannien, an das deutsche Blatt *Illustrierte Aeronautische Mitteilungen* und an die französische *L'Aérophile*. Darüber hinaus ging auch ein Brief an *L'Auto*, eine einflussreiche Tageszeitung – die prompt einen Reporter nach Ohio schickte.

Dann unterlief Ferber ein bedauerlicher Fehler. In seiner Besessenheit, die Wrights zu unterstützen, gab er sämtliche Informationen über deren Errungenschaften preis. Dummerweise hielt er dabei die Kommentare der Wrights über den deutschen Kaiser bezüglich dessen aufsässiger Stimmung nicht zurück. Schäumend vor Wut verloren die Wrights daraufhin jedwedes Vertrauen in Ferbers Fähigkeiten, ihre Interessen zu vertreten.

Ferber, in seliger Unwissenheit, was die Gefühle der Wrights anging, hoffte immer noch darauf, dass die französische Regierung das Wright'sche Flugzeug erwerben würde. Er nahm auch mit Frank S. Lahm, einem Amerikaner und Mitglied im Aéro-Club, Kontakt auf, dessen Schwager M. H. Weaver in Mansfield, Ohio, lebte. Anschließend kontaktierte Lahm dann seinerseits Weaver und bat ihn, doch einmal herauszufinden, was eigentlich in Dayton vor sich ging. Waren die Ansprüche der Wrights tatsächlich gerechtfertigt? Waren sie wirklich dem Rest der Welt um Längen voraus? Nach einem Abstecher nach Dayton kabelte Weaver die notwendigen Informationen zurück. Ein nachfolgender Brief erschien auch in *L'Auto*, *Les Sports* und in der Pariser Ausgabe des New Yorker *Herald*.

Ferber nutzte im Dezember die guten Neuigkeiten im Rahmen eines Aéro-Club-Dîners, um zwei der Mitglieder – Cartier, den wohlbekannten Juwelier, und Desouches, einen Rechtsanwalt – davon zu überzeugen, dass keinerlei Gefahr bestand, dass die Wrights ihr Vorhaben nicht verwirklichen würden. Daraufhin machten Cartier und Desouches Ferber mit Henri Letellier, dem reichen Unternehmer und Herausgeber der in Paris erscheinenden *Zeitung Le Journal* bekannt. Letellier erklärte sich einverstanden, seinen Privatsekretär, Arnold Fordyce, in die Vereinigte Staaten reisen zu lassen, um dort als Repräsentant eines Syndikats aufzutreten, das an einem Vertrag mit den Wrights interessiert war.

Ferber telegrafierte an die Gebrüder Wright und bat sie, Fordyce zu empfangen, wenn dieser am 28. Dezember in Dayton eintraf. Die beiden Brüder brauchten nicht lange, bis sie herausgefunden hatten, dass der Angekündigte keineswegs die staatlichen Behörden Frankreichs, sondern eine Gruppe von Geschäftsleuten repräsentierte. Obwohl es die Wrights vorzogen, direkt mit den Regierungen zu verhandeln, war dieser Termin zu kurzfristig zu Stande gekommen, weshalb sie Fordyce empfingen und sich anhörten, was er zu sagen hatte. Dieser teilte ihnen mit, dass Cartier und Partner vorhatten, das Flugzeug zu kaufen und anschließend der französischen Regierung zum Geschenk zu machen.

Am 30. Dezember wurden Wilbur und Orville mit dem französischen Syndikat handelseinig. Sie kamen überein, sämtliche Einzelheiten für die Konstruktion und den Bau

EN AMÉRIQUE
Expériences d'un nouvel Aéroplane à Kitty-Hawk (Caroline du Nord)

Oben: Internationale Berichte vom ersten Flug der Wrights in Kitty Hawk erschienen im Januar 1904 in Zeitungen wie der in Frankreich erscheinenden Le petit Parisien, *riefen jedoch kaum öffentliches Interesse hervor.*

des *Flyer* preiszugeben – allerdings nur direkt an die französische Regierung und nicht an das Konsortium von Geschäftsleuten. Auf diesem Weg würde ihrer Ansicht nach eine kommerzielle Ausbeutung vermieden werden. Sie kamen überein, dass bis zum 5. Februar eine Schuldverschreibung in Höhe von 5000 Dollar per Post bei ihnen eingehen sollte, und weitere 200 000 Dollar bis zum 5. April bei einer Bank in New York hinterlegt würden. Die Bedingungen für die Demonstration blieben davon unbehelligt, mit der Ausnahme, dass die Brüder zusicherten, eine Maschine zu bauen, die in der Lage wäre, mit einer Person an Bord 160 Kilometer weit zu fliegen. Alles in allem eine recht ermutigende Entwicklung, doch die sturen Wrights weigerten sich nach wie vor beharrlich, die Maschine besichtigen zu lassen, ohne einen unterschriebenen Vertrag in der Tasche zu haben.

Nachdem Letellier Fordyces Option in Händen hatte, nahm er Kontakt zum französischen Kriegsminister auf, der sich einverstanden erklärte, in ernsthafte Verhandlungen mit den Wrights zu treten. Es steht außer Frage, dass die spannungsgeladene internationale Situation diese Entscheidung mit beeinflusst haben dürfte. Viele Politiker vertraten damals die Ansicht, dass jederzeit ein Krieg ausbrechen konnte. Für den Fall eines bewaffneten Konflikts würde dann die Nation mit dem besten Flugzeug einen klar auf der Hand liegenden Vorteil gegenüber allen anderen besitzen. Der Minister schickte daraufhin eine Kommission unter der Leitung von Commandant Henri Bonel, dem Kommandeur der technischen Truppe im Generalstab, auf die Reise, an der auch Fordyce und zwei Angehörige der französischen Botschaft, nämlich der Militärattaché und ein Justiziar, teilnahmen.

Noch vor seiner Ankunft hatte Fordyce bereits Telegramme mit den Wrights ausgetauscht und sich darum bemüht, die Brüder dazu zu bringen, die Verpflichtung einzugehen, eine Maschine mit höherer Leistung zu liefern und Frankreich gleichzeitig eine längere Laufzeit für die Exklusivrechte einzuräumen. Bereits mit dem Gedanken an Aufklärungseinsätze im Hinterkopf, wünschten sich die Franzosen eine Maschine, die in der Lage sein sollte, mit zwei Personen an Bord in einer Höhe von 1000 Fuß, also rund 300 Metern, zu operieren. Anfang Februar kabelten die Wrights ihr Einverständnis zurück und legten den Preis auf zwei Millionen Francs (400 000 Dollar) fest – alternativ 1,2 Millionen Francs, wenn Frankreich auf alle Vorzugsrechte verzichtete. (Dieser Passus stand in Übereinstimmung mit vorausgegangenen Vertragsbedingungen, in denen es den Wrights durch eine Klausel untersagt war, für einen Zeitraum von drei Monaten nach Erfüllung des Vertrages Verhandlungen mit anderen Nationen zu führen.)

Die Kommission zerbrach sich den Kopf über die Angelegenheit mit den Exklusivrechten. Frankreich wollte auf jeden Fall verhindern, dass die Deutschen das Wright'sche Flugzeug bekamen. Dann jedoch kühlte sich die politisch aufgeheizte Situation ganz plötzlich wieder ab – und damit verlor auch die Beschaffung des Wright'schen Flugzeugs für die Franzosen an Dringlichkeit, was zur Folge hatte, dass die Kommission Dayton im Grunde mit dem gleichen Vertragswerk verließ, das Fordyce bereits vier Monate zuvor ausgehandelt hatte. Trotzdem drängte der Kriegsminister auch weiterhin darauf, dass das Flugzeug in größeren Höhen operieren können sollte, was die Verhandlungen weiter in die Länge zog.

Obwohl die französischen Flugzeugkonstruktionen immer noch weit hinter den amerikanischen herhinkten, waren ihre Motoren den in Amerika vorhandenen ohne jeden Zweifel überlegen. Dafür zeichnete ein Mann verantwortlich, Léon Levasseur, ein brillanter Maschinenbau-Ingenieur und Mechaniker, der sich bereits einen ausgezeichneten Ruf mit der Konstruktion und dem Bau von Motoren für Rennboote erworben hatte.

Er hatte sich die finanzielle Unterstützung von Jules Gastembide gesichert. Bei diesem Mann handelte es sich um den wohlhabenden Hersteller von Elektrogeräten, dessen Produkte als Markenzeichen den Namen seiner Tochter – Antoinette – trugen. Levasseur baute Motoren, die kaum mehr als zwei Kilogramm pro Pferdestärke wogen (was gerade einmal der Hälfte des Gewichts entsprach, das die besten Triebwerke der Gebrüder Wright auf die Waage brachten) – und gegen Ende des Jahres 1906 bereits rund 50 PS leisteten. Levasseurs technische Fähigkeiten waren in

diesen ersten Tagen von außerordentlichem Vorteil für Frankreich und die Fliegerei allgemein.

Der Held der französischen Fliegerei war damals ein Brasilianer namens Alberto Santos-Dumont. Der kleinwüchsige Alberto, Sohn eines reichen Kaffeeplantagen-Besitzers, hatte bereits Ende der 1890er Jahre das französische Publikum mit seinen Ballon- und Luftschifffahrten begeistert. Gewöhnlich sah man *Le petit Santos* nur mit weichem weißen Panamahut und unglaublich hohem Kragen auf dicksohligen Schuhen herumlaufen, alles Attribute, welche ihn mit seinen knapp anderthalb Metern Länge ein wenig größer wirken lassen sollten. Doch was ihm an Körpergröße fehlte, machte Alberto durch seinen Erfindungsreichtum und Mut mehr als wett. 1906 baute er sein eigenes Flugzeug, die ungelenke *No. 14 bis*. Der Apparat sah aus, als bestünde er aus einer unordentlichen Zusammenstellung von Kastendrachen, die ohne bestimmte Reihenfolge einfach aneinander geschraubt worden waren. Mörderisch instabil in der Längsneigung erhob sich das ungefüge Gebilde im September 1906 zu einem kurzen Flug in die Luft, nachdem es dazu fast 300 Meter Anlauf benötigt hatte, und schaffte es, auf eine Höhe von sechs Metern zu steigen und 21 Sekunden später nach einer Flugstrecke von 210 Metern wieder zu landen. Doch mit diesem Flug gewann es den mit 1500 Francs dotierten Preis des Aéro-Club de France. Soweit es die Franzosen betraf, war Santos-Dumont der größte Flieger der Welt. Sie hatten eben die Wrights nicht fliegen gesehen, weshalb ihnen die richtige Vergleichsmöglichkeit fehlte.

Zu Beginn des Jahres 1907 trafen die Wrights eine Übereinkunft mit der Charles R. Flint Company in New York. Flint, ein Firmengründer und Bankier, sollte die Rolle des Geschäftsrepräsentanten der Wrights in Europa übernehmen, wo sich die Verhandlungen mit der französischen Regierung immer noch zäh hinzogen. Schließlich kam es im März 1908 zur Bildung eines neuen französischen Syndikats unter der Leitung des Finanziers Lazare Weiller. Diese Gruppe brauchte gerade einmal drei Wochen, um ihr Einverständnis zum Ankauf der Wright'schen Patente und sämtlicher Rechte auf den Verkauf, die Herstellung und Lizenzierung der Wright'schen Flugzeuge in Frankreich zu geben.

Nun näherten sich die scheinbar endlosen Verhandlungen doch noch ihrem Ende zu. Man kam überein, dass eine neue Firma gegründet werden sollte, sobald die Wrights ihre Maschine zur Zufriedenheit aller vorgeführt hatten, und dass die Brüder anschließend mit der Ausbildung französischer Piloten beginnen sollten. Mit einem tiefen Seufzer der

Links: Das erste Fliegeridol in Frankreich war der Brasilianer Alberto Santos-Dumont, der französische Zuschauer in den 1890er Jahren mit seinen einfallsreichen Flugmaschinen in den Bann schlug und 1906 mit seiner No.14 bis zum ersten Mal wirklich flog.

Oben: Diese schnittige Maschine aus dem Jahr 1909 war das Werk des brillanten französischen Ingenieurs Léon Levasseur. Er baute auch die leichten und starken Maschinen des Typs Antoinette, die Frankreich an die Spitze der Weltproduktion leichter und überlegener Flugzeugmotoren brachte.

Erleichterung begannen sich Wilbur und Orville Gedanken über ihre bevorstehende Reise nach Frankreich zu machen.

1907 hatte der flugbegeisterte Henri Farman ein Flugzeug von Voisin gekauft. (Etwa um diese Zeit hatte Henri Voisin, ein Schüler Ferbers, mit dem kommerziellen Bau von Flugzeugen begonnen.) Von Geburt Brite, hatte Farman sein ganzes Leben in Frankreich verbracht und sprach nur wenige Worte Englisch. Mit dem neu erstandenen Flugzeug hatte er vor, den Deutsch-Archdeacon-Preis für einen geschlossenen Kreisflug über einen Kilometer zu gewinnen. Seine Leistung kam den Wrights zu Ohren, die sich in dieser Zeit gerade in Frankreich aufhielten. Sie zeigten sich nicht sonderlich beeindruckt und erklärten, dass wohl noch gut fünf Jahre vergehen würden, bevor irgendein Europäer mit ihnen gleichziehen könnte.

Doch im Januar 1908 sah es so aus, als würde sich die Kluft weit eher schließen, als die beiden Brüder vorausgesagt hatten. Farman war, wie übrigens die meisten anderen Flieger auch, von schlanker Gestalt und platzte schier vor Begeisterung und Selbstvertrauen. Trotz seines Mangels an Erfahrung und der Launen seines Voisin-Flugzeugs startete er. Das Journal *American Aeronaut* berichtete daraufhin geradezu atemlos: »Aufwärts auf eine Höhe von vier Metern gleitend, passierte die Maschine die Linie zwischen den beiden Pfosten… Geradeaus und unbeirrt wie ein Pfeil machte sie sich auf den Weg zum Startpunkt in 500 Metern Entfernung, während sie derweil durch ein kühnes Manöver des ›Equilibrizers‹ [womit wohl der Stabilisator für die Höhenkontrolle gemeint sein dürfte] auf zwölf Meter Höhe stieg und diese hielt. Dann rundete sie den weiter entfernten Pfosten etwa hundert Meter vom Flugpfad entfernt in einer eleganten Kurve… Der große Vogel kehrt zurück, langsam auf eine Höhe von vier Metern sinkend, dann hat der Apparat die Linie wieder überflogen und setzt sanft auf den Boden auf.«

Farman war der Mann der Stunde. In einer Minute und 28 Sekunden hatte er Europas – und der Welt – ersten offiziellen Rundflug von einem Kilometer Länge absolviert. Doch die Wrights hatten bereits zwei Jahre zuvor diese Strecke in der Nähe von Dayton 39mal abgeflogen. In Europa hingegen wussten dies nur wenige Menschen, oder man übersah diese feststehende Tatsache einfach. Soweit es die Franzosen anging, war Luftfahrtgeschichte genau in dem Land geschrieben worden, in das sie gehörte, nämlich in Frankreich. Dem stimmte auch *The Times* in London zu, die in einer wahren Lawine von Rhetorik schrieb: »Heute fand ein Epoche

machendes Ereignis statt, das als Sieg menschlicher Intelligenz über die bekannten Grenzen angesehen werden kann, die schon Ikarus zur Verzweiflung getrieben haben und selbst den Geist eines Leonardo da Vinci quälten. Nichts Vergleichbares wurde je zuvor von einem Menschen erreicht.«

Obwohl ihm immer noch die Querrudersteuerung des Wright'schen Flugzeugs fehlte, hatte es Farman dennoch zuwege gebracht, den Kurs in einem weiten, nahezu flachen Turn abzufliegen, und so war er praktisch den Weg zu sei-

nem Triumph entlang geschlittert. Auf jeden Fall war es aber eine unglaubliche Leistung für einen unerfahrenen Flieger.

Ferber schrieb in sein Tagebuch: »Dieser Tag markiert definitiv die Eroberung der Lüfte.« Doch klang nur sehr wenig Freude aus diesem Kommentar. Er wusste, er war im Rennen um die Verwirklichung des französischen Luftfahrtschicksals überholt worden. Seine Tochter erinnert sich, ihn damals in seinem Schuppen angetroffen zu haben. Dort gestand er ihr: »Ich muss mich damit abfinden, nie wieder große Flüge unternehmen zu können. Ich hatte zwar die Idee, doch andere werden sie nun in die Realität umsetzen.«

Im Februar nahm er in Lyon an einem Festessen mit Farman und Voisin teil, doch dort spielte er nur noch die Rolle dessen, der die Toasts ausbringt, und nicht mehr die eines Fliegers. Der innovative Hauptmann der Artillerie hatte Großes geleistet, das Interesse an der Fliegerei zu wecken, doch heute ist sein Name so gut wie vergessen. Er war nur einer von vielen Pionieren der Luftfahrt.

Zu Anfang des Sommers 1908 war in Issy eine beeindruckende Anzahl von Hangars und Werkstätten aus dem

schrift *L'Eclair* zeigte sich beeindruckt: »Jedes Mal, wenn die Maschine zur Erde zurückkehrte, geschah dies mit überraschender Sanftheit und man gewann den Eindruck, als sei sie ganz leicht zu manövrieren.«

Das Interesse der Franzosen an der Luftfahrt erhielt einen neuerlichen Schub, als der wohlbekannte Physiologe René Quinton die Szene betrat. Quintons Interesse an der Fliegerei war während einer Reise durch Ägypten geweckt worden. 1908 versicherte er sich der Hilfe Ferbers bei der

Linke Seite: Die Gebrüder Voisin begannen in Frankreich 1907 mit der Produktion kommerziell nutzbarer Flugzeuge. Linke Seite, Innenbild: Der Flieger Henri Farman, hier auf seinem Mitgliedsausweis des L'Aéro-Club de France, war der Mann des Jahres 1909 in Frankreich, obwohl die Gebrüder Wright seine Leistungen bereits einige Jahre zuvor übertroffen hatten. Rechts: Zwei von Farman's Flugzeugkonstruktionen, die 1908, kurz nachdem Wilbur zum ersten Mal in Frankreich geflogen war, in den Hangars von Issy gebaut wurden.

Boden geschossen – und Experimentatoren wie die Gebrüder Voisin, Delagrange (der schon bald einen sehr attraktiven Passagier, Thérèse Pelterie, mit auf einen Flug nehmen sollte, die dadurch zur ersten Frau der Welt wurde, die in einem Flugzeug flog), Farman, Santos-Dumont und Esnault-Pelterie arbeiteten dort sehr hart. Selbst Ferdinand Ferber hatte dort einen Hangar. Der Capitaine hatte die Hoffnung immer noch nicht aufgegeben, in die Geschichte der Luftfahrt einzugehen. Sein Flugzeug No. 9 glich stark dem vorausgegangenen No. 8, verfügte aber über einen 50 PS starken Antoinette-Motor. Im Frühling des gleichen Jahres hatte er einen Flug über 770 Meter geschafft. Die Zeit-

Gründung der staatlichen Luftfahrt-Liga, einer Organisation, die sämtlichen Aspekten der Aeronautik mit Ausnahme der Herstellung von Flugzeugen gewidmet war.

Quinton war außerdem Mitglied der »Forty-Five«, einer Gruppe von Persönlichkeiten aus der Pariser Literaturszene, die einmal im Monat zusammentrat, um eine Person zu ehren, die Hervorragendes auf dem Gebiet der Literatur, Kunst oder Wissenschaft geleistet hatte.

Im Mai 1908 schlug Quinton Ferber für die im Juni anstehende Ehrung vor. Dies war ein großer Augenblick für den Hauptmann der Artillerie, der so viel für die Fliegerei Frankreichs geleistet hatte.

KAPITEL

10
Der große weiße Vogel

»Wir erblickten den großen weißen Vogel,
als er über die Rennstrecke segelte.«

Der französische Fliegerei-Schriftsteller
François Peyrey, 1908

Die Jungen hätten sich ausschütten können vor La-
chen. Dieser lange Amerikaner dachte wohl, sein Flugzeugschuppen wäre ein Hotel! Der lebte doch tatsächlich da
drin! Zusammen mit all dem Holz, Baumaterial und den
Drähten, dem Motor und all seinem Dreck und Gestank.
Lebten in Amerika Flugzeugbauer wirklich so? Aber es hieß
ja, dass die Menschen auf der anderen Seite des Ozeans
ziemlich merkwürdig seien.

Als Mr. Wright mit einem Stück Rohr in der einen und
einer Kurbel in der anderen Hand aus dem Schuppen trat,
duckten sich die Jungen rasch in ihr Versteck zwischen den
Blättern. Das Gekicher der Jungen erstarb. Er ging in kaum
einem Meter Abstand an ihnen vorbei, ohne sie zu sehen.
Ein dürrer, langer Mann mit dem Profil eines Habichts und
tief in Falten gelegter Stirn. Hatte ihn eigentlich je einer
lächeln sehen? Keiner der Knaben konnte sich erinnern.
Flugzeuge zu bauen war offensichtlich für Mr. Wright ein
todernstes Geschäft.

Rechts: Anfang Juni 1908 beginnen Wilbur und seine Helfer in Le
Mans, über hundert Kilometer südwestlich von Paris und möglichst
weit entfernt von den neugierigen Augen der Presse, den Flyer
zusammenzubauen.

Nun begannen Helfer, die Flugmaschine aus dem Hangar zu ziehen. Ein großes, zitterndes Insekt mit seinen herabhängenden Flügeln und einem Labyrinth aus Drähten. Der Amerikaner behauptete, sein Vogel könne besser fliegen als Santos-Dumonts *14 bis*, was natürlich Blödsinn war, weil doch jeder wusste, dass Santos-Dumont der größte Flieger der Welt war.

einem Draht und dort an einer Kette. Alles wirkte irgendwie so zerbrechlich. Die Jungen waren der Ansicht, dass für den Fall, dass sich das Ding durch irgendein Wunder tatsächlich in die Lüfte schwingen sollte, es sicherlich sofort in tausend Stücke zerfallen und die Umgebung von Le Mans wie ein mechanischer Hagelschauer mit seinen Bestandteilen überschütten würde.

Links: Auf einem Lagerbock stehend, leitet Wilbur die Montage der oberen Tragfläche. Obwohl er so gut wie kein Französisch sprach, schaffte es der ältere Wright-Bruder doch immer wieder, seinen einheimischen Assistenten klar zu machen, was er von ihnen wollte. Rechte Seite: Inzwischen an der Steuerung sitzend – und nicht mehr wie in Kitty Hawk liegend –, posiert Wilbur mit feierlicher Miene für die Kamera.

Wochenlang hatte der Amerikaner an seinem Flugzeug gearbeitet und Teile aus den Versandkisten genommen, in denen sie die Reise von Amerika hierher gemacht hatten, die er dann zusammensetzte. Einige der Teile, die auf dem Transport Schaden genommen hatten, musste er allerding erst einmal reparieren. Er verfügte über eine Hand voll Helfer. Männer von hier, deren Englisch genau so schwerfällig war wie sein Französisch. Doch mit Zeichensprache und Skizzen schafften sie es, einander zu verstehen. Während der Testphase hatte sich ein Stück Rohr vom Motor gelöst, so dass der Amerikaner mit kochend heißem Wasser besprüht wurde. Aber er hatte weder geschrien, noch geflucht. Tatsächlich hatte er sich offenbar weit mehr über den Zeitverlust geärgert als über die Schmerzen.

Jetzt richtete er zusammen mit seinen Helfern das Flugzeug auf der Schiene aus. Dann überprüften sie gemeinsam noch einmal sämtliche Teile des Motors und zupften hier an

Der Mann, den man Wright nannte, sah aus, als hätte er sich für einen Besuch in der Stadt und nicht für den eines Flugfeldes gekleidet. Ein merkwürdiger Typ, wirklich! Jetzt hatte er sich in den engen Sitz auf dem unteren Flügel geschwungen und schob seine Schirmmütze nach vorn. Einen Augenblick später erwachte der Motor zum Leben und die Propeller begannen sich zu drehen. Dieser rätselhafte Mr. Wright warf einen weiteren Blick auf seine Schöpfung, nickte dann seinen Helfern zu und die Gewichte in den Türmen wurden freigegeben. Jetzt konnten sich die Jungs kaum mehr zurückhalten. Mit offenen Mündern beobachteten sie, wie die Maschine die Schiene entlang glitt, und dann – Wunder über Wunder! Sie flog! Sie stieg so leicht vom Flugfeld weg, als würde sie von einem Ballon gezogen. Aber es gab keinen Ballon. Nur einen knatternden Motor und einen langen Mann, der an der Steuerung herumhantierte. Ganz leicht und völlig natürlich legte er die Maschine zur

Oben, links: Wilbur führt in letzter Minute Einstellungen am Motor durch, bevor er seinen Sitz an den Steuerelementen einnimmt. Oben, rechts: Eine Gruppe begeisterter Freiwilliger zerrt am Seil, welches das schwere Gewicht, das den Flyer in die Luft schleudern soll, innerhalb des Derrickkrans nach oben steigen lässt. Wenn Wilbur öffentliche Flüge absolvierte, bat er häufig Mitglieder der Lokalpresse und Berühmtheiten, mit am Seil Hand anzulegen. Unten: Ebenso erstaunt wie anerkennend beobachtet die Menschenmenge, wie Wilbur scheinbar mühelos mit dem Flyer in der Abenddämmerung am Himmel Frankreichs manövriert.

Seite und flog eine Platzrunde. Eine Minute später stellte er den Motor ab, das Flugzeug senkte sich dem Boden entgegen und setzte praktisch ohne Stoß auf. Die Zuschauer spendeten begeisterten Applaus. Nie hatten sie einen solchen Flug gesehen.

Versteckt hinter einer Hecke beobachteten die Jungen weiter alles sehr aufmerksam, als belauschten sie das Verhalten einer unberechenbaren Spezies. Sie trauten sich nicht, ein Wort über die Lippen zu bringen, als Monsieur Wright, den Mund zu der üblichen dünnen Linie zusammengepresst, zurück zum Hangar schritt. Ein schwieriger Mann, dieser Monsieur Wright.

Die Jungen hielten den Atem an, als er in ihre Nähe kam.

Doch dann geschah etwas absolut Außergewöhnliches. Mr. Wright blieb in Höhe des Verstecks der Jungen stehen und blickte von der Höhe seiner enormen Körpergröße aus auf sie herab. Und dann grinste er. Wirklich! Er grinste! Dann winkte er ihnen zu und ging seiner Wege.

Wilbur war Ende Mai des Jahres 1908 in Frankreich eingetroffen. Der Besuch hatte katastrophal begonnen. Beim Öffnen der Versandkisten, in denen sich der *Flyer* befand, hatte Wilbur nämlich feststellen müssen, dass die Maschine erheblich beschädigt worden war. Zunächst machte er Orville dafür verantwortlich, weil er annahm, sein Bruder habe die verschiedenen Komponenten schlecht verpackt, doch später fand er heraus, dass der französische Zoll der eigentliche Übeltäter gewesen war. Es würde Wochen dauern, das Flugzeug zu reparieren. Doch dann gab es wenigstens eine gute Neuigkeit für Wilbur. Man hatte ein ausgezeichnetes – und preiswertes – Flugfeld in der Nähe der Autorennbahn von Hunaudière bei Le Mans kaum mehr als 160 Kilometer südwestlich von Paris gefunden. Außerdem standen auch noch zwei öffentlich zugängliche Flugbereiche zur Verfügung, die etwas näher an Paris lagen: Der eine gehörte zu Bagatelle, einem Landgut in der waldreichen Gegend von Bologne, das durch Santos-Dumont bekannt geworden war, und das andere war das Flugfeld von Issy-les-Moulineaux, das allgemein nur unter der Bezeichnung »Issy« bekannt war. Bei letzterem handelte es sich um ein brettebenes Gelände, das ursprünglich für Militärparaden gedacht war. Doch Wilbur gefiel das Flugfeld bei Le Mans am besten, wobei diese Entscheidung sicherlich von der Tatsache beeinflusst wurde, dass es weit genug von Paris entfernt lag, um Zeitungsreporter abzuhalten. Umgehend begann er mit der Reparatur des *Flyer* und stellte ein paar einheimische

Arbeiter ein, die kein Englisch sprachen und ihrerseits Wilburs Versuche, Französisch mit Ohio-Akzent zu sprechen, nicht verstanden. Aber trotz allem schienen die Arbeiter den schlaksigen Amerikaner zu mögen und die Arbeiten machten gute Fortschritte.

Am Samstag, dem 8. August, begann sich eine Menschenmenge anzusammeln. Wilbur und seine Mannschaft verbrachten den größten Teil des Morgens damit, die Maschine und den Katapultmechanismus vorzubereiten. Schließlich war es schon später Nachmittag, als der Motor des *Flyer* laut ratternd zum Leben erwachte. Wilbur, mit einem grauen Anzug, einer Schirmmütze und gestärktem weißen Kragen bekleidet, machte den Eindruck, als wolle er einen Tag in der Bank verbringen. Tatsächlich war es auch seine elegante Kleidung, die für eine weitere kurze Verzögerung verantwortlich war, weil sich sein hinterer Kragenknopf in einem Steuerseil verhakte und den Motor abwürgte. Doch die Beseitigung dieses Problems nahm lediglich einen Augenblick in Anspruch, und schon rutschte der *Flyer* mit knatterndem Motor und wirbelnden Propellern gemächlich die Schiene hinunter. Mühelos erhob sich die Maschine vom Boden.

»Wir erblickten den großen weißen Vogel, als er über die Rennstrecke segelte«, schrieb François Peyrey, der führende Luftfahrtjournalist Frankreichs. »Wir konnten jede einzelne Bewegung des Piloten mit verfolgen und bemerkten dessen außergewöhnliches fliegerisches Können. Dabei entging uns auch nicht die seltsame Verformung der Flügel und die Verstellung der Ruder im Kreisflug.« Eine Minute und 45 Sekunden später kehrte Wilbur mit verblüffendem »Schwung und ebensolcher Präzision« zur Erde zurück. Spontan brach die Menge in Applaus aus. Mit seinem kurzen Flug um die Autorennbahn hatte Wilbur seine Kritiker zum Schweigen gebracht. Er war unglaublich erleichtert – obwohl er sein Bestes gab, sich genau das nicht anmerken zu lassen. Kein Lächeln. Kein Zeichen von Erleichterung!

Die französischen Flieger waren verblüfft. Louis Blériot fasste das Erstaunen in die Worte: »Monsieur Wright hat uns alle in der Hand.« Doch es war Delagrange, der für alle Flieger Frankreichs sprach, als er bekannte: »Nun gut, wir sind geschlagen.«

Jeder Flieger und Konstrukteur nahm Notiz von der Flächenverstellung am *Flyer* der Wrights und verstand deren Bedeutung. Die Amerikaner hatten dem Gerät den letzten Schliff gegeben und damit das letzte noch fehlende Teil des Puzzles geliefert. Jetzt erst konnte man wirklich behaupten,

113

»Ich habe ihn gesehen. Ja! Ich habe heute Wilbur Wright und seinen großen weißen Vogel gesehen…«
Le Figaro

Der Held der Stunde

Bevor Wilbur im August 1908 seine Flüge in Les Hunaudières und Le Mans absolvierte, hatten die skeptischen Franzosen die Wrights als »*Bluffer*« und »*Fahrradhändler*« bezeichnet. Doch seine Flüge brachten nicht nur die Zweifler zum Schweigen, sondern lösten sogar eine internationale Sensation aus. Die Londoner *Times* schrieb, dass den Wrights »…eindeutig der erste Platz in der Geschichte der Flugmaschinen gebührt«. Französische Illustrierte (oben) stimmten damit überein, doch das satirische Journal *Le Rire* (rechts) stellte Wilbur als mechanischen Geier dar, »… der etwa so gut fliegt wie unsere Hühner«.

den Luftraum erobert zu haben. Der einzige Wermutstropfen wurde von Ernest Archdeacon beigesteuert, der erklärte, der *Flyer* sei kompliziert zu handhaben und sein Startsystem wäre viel zu umständlich. »Ich halte unsere Maschinen immer noch für überlegen«, beharrte er. »Tatsächlich verfügen sie nämlich bereits über Fahrwerke und können von überall starten, ohne auf die Hilfe von Schienen angewiesen zu sein.« Doch niemand hörte ihm mehr zu. Wilbur war zum Helden der Stunde geworden, stand in jeder Zeitung und wurde von der Bevölkerung gefeiert. Ja, er beeinflusste sogar die Mode. Seine alte grüne Schirmmütze wurde kopiert und tausendfach verkauft.

In der Zwischenzeit bereitete sich Orville in den Vereinigten Staaten auf den alles entscheidenden Test bei der US Army vor. Am 20. August traf er in Fort Myer in Virginia ein. Dort hatte man den Exerzierplatz für die Flugtests gewählt. Bei dem Gelände handelte es sich um ein unebenes Gebiet im Westen des Heldenfriedhofs Arlington – 300 Meter lang, am Südende 210 Meter und zum Norden hin 240 Meter breit. Obwohl für Paraden und als Sportplatz geradezu ideal, war es für fliegerische Aktivitäten wohl kaum groß genug. Doch verfügte das Gelände über ausgezeichnete Einrichtungen für Reparaturen und den Zusammenbau des Flugzeugs. Vierzehn stämmige Soldaten der Army, die zuvor bei den Tests des von Thomas Baldwin gebauten *Dirigible No. 1* des Signal Corps geholfen hatten, waren abkommandiert worden, den Wrights zu assistieren. Im September 1906 hatten die Wrights Baldwin geholfen, als Starkwind dessen Luftschiff vom Rummelplatz in Dayton abzutreiben drohte. Jetzt wurde Orville und seinen wichtigsten Assistenten, Charlie Furnas und Charlie Taylor, der Wellblechschuppen, den man für die Tests der Army von *Dirigible No. 1* benutzt hatte, zur Verfügung gestellt.

Orville stieg zunächst im St. James Hotel ab und zog später auf Initiative von Albert Zahm, einem Vorstandsmitglied des Aero Club of America, in den Cosmos Club um. Obwohl die Beziehung zwischen Zahm und den Gebrüdern Wright schon sehr bald stark abkühlen sollte, waren sie in diesem Sommer des Jahres 1908 noch dicke Freunde. Tatsächlich war das Verhältnis so gut, dass Zahm sich mit aller Macht bemühte, Orvilles Interesse für die »ansehnlichen jungen Damen in Washington« zu wecken – leider Gottes ohne Erfolg. Orville hatte sich nämlich mit etwas anderem auseinander zu setzen: der Schimäre der Luftfahrt, Augustus Herring. Als ehemaliger Assistent von Chanute war Herring felsenfest davon überzeugt, dass ein beweglicher Schwanz die Antwort auf alle Probleme sei, die mit der Stabilität eines Flugzeugs in Zusammenhang zu bringen waren. Er war nie besonders zurückhaltend, wenn es darum ging, seine neues-

Katharine und Orville im September 1908 in Fort Myer, Virginia

ten Triumphe zu veröffentlichen, obwohl kein Mensch das Flugzeug, das er mit solchem Enthusiasmus beschrieb, jemals gesehen hatte. Nun hatte Herring seine Absicht angekündigt, in seiner neuen Maschine, die angeblich eigenstabil sein sollte, nach Washington zu fliegen. Byron Newton vom New Yorker *Herald* behauptete, dieses Flugzeug in Herrings Werkstatt am Broadway stehen gesehen zu haben, obwohl er dann der einzige gewesen wäre.

Am 27. August testete Orville den Motor des *Flyer*. Da sich der Preis, den die Army zahlen würde, nach der gebotenen Leistung richten sollte, war es unumgänglich, dass der Antrieb alles an Effizienz hergab, wozu er in der Lage war.

Doch bei den ersten Tests würgte der Motor zweimal bereits nach wenigen Sekunden ab. Dann stellten sich Probleme mit den Lagern ein. Dann fing der aufsässige Motor auch noch an zu bocken. Was war das Problem? Treibstoff von minderwertiger Qualität, vermutete Orville. So wurden Schmierölbehälter mit Sichtfenstern an allen außenliegenden Lagern angebracht.

Am Dienstag, dem 1. September, begannen die Tests der Army. Als erstes stand die Transportfähigkeit auf dem Programm. Dazu wurden Schwanz und Bugruder abgeschraubt und zwischen den Tragflächen verstaut. Anschließend wurde die Maschine auf einen Kampfwagen der Army verladen und zum Exerzierplatz hinausgezogen. Am Donnerstag, dem 3. September, machte in Washington das Gerücht die Runde, dass Orville am heutigen Nachmittag fliegen werde. In kürzester Zeit war eine gewaltige Menschenmenge zusammengeströmt, zu der auch die Angehörigen verschiedener Botschaften und der Sohn des Präsidenten, der damals gerade zwanzig Jahre alte Theodore Roosevelt jr., gehörten.

Genau um 14 Uhr und 30 Minuten wurde der *Flyer* auf die Startrampe gestellt. Doch der Motor weigerte sich anzuspringen. Die Mannschaft gab ihr Letztes, ihn zum Leben zu erwecken, und plötzlich, mit einem Knall sprang er doch noch an. Ventile klapperten, Ketten rasselten, die mächtigen Propeller begannen sich zu drehen und – Wunder über Wunder! – der *Flyer* bewegte sich vorwärts. Die Menschenmenge hielt kollektiv den Atem an. Er war in der Luft! Die Zuschauer applaudierten begeistert, obwohl Orville nichts davon hören konnte. Er war im Augenblick äußerst beschäftigt, musste er doch in Richtung Osten steuern, sobald er das südliche Ende des Flugfeldes erreicht hatte, dann über

die Köpfe der Zuschauer hinweg – von denen sich einige erschreckt duckten, obwohl der *Flyer* inzwischen eine Höhe von 35 Fuß, also mehr als zehneinhalb Metern, erreicht hatte –, um dann den Friedhof Arlington zu überfliegen.

Orville befand sich gerade auf der zweiten Runde, als ihm ein Fehler unterlief. Die neuen Steuerungshebel hatten ihn kurz verwirrt, und von einer Sekunde zur anderen flog er direkt auf ein Zelt zu. Er griff zur einzigen Möglichkeit, die er noch hatte, und knallte den *Flyer* in einer riesigen Staubwolke auf den Boden. Dabei beschädigte er die Kufen und die Schutzbügel des Bugruders nur unwesentlich, doch die gebotene Leistung war weit davon entfernt, als spektakulär angesehen zu werden, und die Zeitungen reagierten dementsprechend. Die meisten der anwesenden Reporter hatten noch nie zuvor in ihrem Leben ein Flugzeug fliegen sehen und konnten deshalb nicht wissen, dass sie hier gerade eine meisterhafte Darstellung von Manövrierfähigkeit

geboten bekommen hatten, sah man einmal von der etwas hastigen Landung ab. Die Story der *New York World* drehte sich in erster Linie um wenig mehr als die Möglichkeit, dass das »Schiff«, wie das Flugzeug dort genannt wurde, unvermittelt in eine Menschenmenge hätte rasen können. Es gab nur sehr wenige Menschen, die wirklich verstanden, dass es einen gewaltigen Unterschied zwischen dem einfachen Geradeausflug von Curtiss in seiner *June Bug* und Orvilles Flugpfad gab, auf welchem er mehrfach Kurven geflogen war.

Orville ärgerte sich auch über die Anwesenheit von Glenn Curtiss und Lieutenant Tom Selfridge, die beide Mitglieder der Aerial Experiment Association waren. Curtiss hatte sich lange mit Orville unterhalten und den für die Army bestimmten *Flyer* sorgfältig untersucht. Anschließend schrieb er eine lange Epistel an den Vorsitzenden der AEA, Alexander Graham Bell. Dabei äußerte er sich sehr abfällig über den Motor des *Flyer* – »primitiv und noch nicht einmal

Kurz bevor der erste Luftfahrttest der Army beginnt, ruht der Flyer *noch auf seinen Startschienen.*

besonders leicht«. Orville empfand gegenüber Selfridge eine ausgeprägte Antipathie. Der Mann hatte es sich zur Gewohnheit gemacht, Orville bei jeder Gelegenheit, die sich ihm bot, auszuhorchen.

Am 9. September war Orville schon um acht Uhr morgens auf dem Flugfeld und half seiner Mannschaft dabei, den *Flyer* auf die Startschienen zu stellen. Als er abhob, lag das Flugfeld fast völlig verlassen da. 57 und eine halbe Minute später landete er wieder – und hatte einen neuen Weltrekord aufgestellt. Doch das war nur der Anfang. Er startete an diesem Tag ein weiteres Mal, wobei er diesmal jedoch von einer Menge Washingtoner beobachtet wurde. Diesmal flog er mehr als 62 Minuten. Das Licht wurde schon langsam schwächer, als Orville ein drittes Mal abhob, doch diesmal mit Lieutenant Frank P. Lahm an seiner Seite. Diesmal flog er sechs Minuten und brach den Rekord im Passagierflug, den er selbst am 14. Mai in den Kill Devil Hills aufgestellt hatte.

Im Laufe der folgenden Tage stellte Orville etliche neue Rekorde auf: einen Höhenrekord über 200 Fuß, einen Zeitrekord von einer Stunde und 14 Minuten und einen weiteren Höhenrekord über 310 Fuß. Innerhalb von nur vier Tagen stellte er insgesamt neun Weltrekorde auf. Die Zeitungen witterten eine Rivalität zwischen den beiden Brüdern, bei der es dem jüngeren Bruder angeblich darum ging, den älteren zu überbieten. Ironisch gestand Wilbur in einem Brief an seinen Bruder seine Niederlage ein: »Hier waren die Zeitungen tagelang voll von deinen tollen Flügen, und überall dort, wo ich noch vor einer Woche als Wunder des Könnens galt, zögert man jetzt nicht, mir klar zu machen, dass ich im Grunde nichts weiter als eine ›Niete‹ wäre und du der einzig wirkliche Himmelstürmer. So ist es nun einmal mit dem Berühmtsein!« Er stand dem jüngeren Bruder jederzeit mit Rat und Tat zur Seite, nicht nur in allen Aspekten des Fliegens, sondern auch in Fragen der Etikette, was besonders für ihre Aufenthalte in Hotels von Wichtigkeit war, denn die galten damals als Prüfstein der Schicklichkeit.

Orville hatte Lieutenant Lahm und Major George Squier im *Flyer* mit auf einen Flug genommen. Nun fühlte er sich verpflichtet, Lieutenant Selfridge das Gleiche anzubieten, obwohl er dem Mann misstraute. Am Nachmittag des 17. September 1908, einem Donnerstag, nahm Selfridge neben

Orville im *Flyer* Platz. Mit seinen knapp 80 Kilogramm Körpergewicht war er Orvilles bislang schwerster Passagier, was zur Folge hatte, dass die Startstrecke der Maschine länger als normal war. Doch dann stieg der *Flyer* schnell und ging in eine Kurve, als das Ende des Flugfeldes erreicht war. Orville flog drei Platzrunden zwischen den Gebäuden der Army im Westen und dem Heldenfriedhof Arlington im Osten. Es war ein guter, unterhaltsamer Flug, und Orville begann gerade, weitere Kreise zu ziehen, als er von einem Augenblick zum anderen ein Klopfen vernahm. Er blickte hinunter auf seine Flugsteuerung. Alles in bester Ordnung! Trotzdem entschied Orville, besser wieder zu landen.

Doch diese Zeit blieb ihm nicht mehr. Zwei laute Kracher erschreckten ihn, Beobachter am Boden sahen, wie sich etwas vom Flugzeug löste und wirbelnd dem Erdboden entgegen trudelte. Orville selbst glaubte, dass eine der Antriebsketten gebrochen sein könnte. Kurz darauf schwang das Flugzeug nach rechts und direkt auf die Bäume des Friedhofs zu. Orville versuchte zu korrigieren, doch keine seiner Bemühungen fruchtete. Den Hebel mit der rechten Hand umklammernd, konnte er nichts weiter tun als dem Flug in die Katastrophe tatenlos zusehen. Der rechte Tragflügel hob sich und der *Flyer* ging auf Kurs Nord. Orville zerrte am Verwindungshebel, um die Flügel wieder in die Waagerechte zu bringen, und die Maschine stellte sich fast im gleichen Augenblick auf die Nase.

Orville hörte Selfridge »Oh! Oh!« brüllen. Er ließ den Bedienhebel für das Frontruder etwas locker und zog ihn gleich darauf wieder an. Doch er konnte erkennen, dass das Höhenruder schon voll ausgeschlagen war und sich Tuch zwischen den Spanten blähte. Etwas über siebeneinhalb Meter über dem Boden fühlte Orville, dass der Sturzflug flacher wurde. Vielleicht konnte er es doch noch schaffen, die Maschine rechtzeitig abzufangen. Vielleicht…

Es blieb ein Wunschtraum. Die Flügel begannen zusammenzuklappen, weil sie einer derartigen Belastung nicht mehr gewachsen waren. Dann brach die ganze Konstruktion zusammen, zerrissene Bespannung wie eine Fahne hinter sich her ziehend. Einen Augenblick später traf das Flugzeug auf, der Motor flog aus seiner Bettung und schlug mit dumpfem Schlag in den Erdboden. Staub wirbelte auf wie nach einem Granateneinschlag. Für einen endlosen Augenblick waren der *Flyer* und seine Insassen unsichtbar geworden. Alles stand wie erstarrt. Dann, als würde ein Standbild plötzlich zu einem Film, brach allgemeine Hektik aus. Ein einziges Herumgerenne, Geschrei und Gestikulieren. Hupen von Automobilen blökten und tuteten. Pferde wieherten, aufgeschreckt durch die merkwürdigen Vorgänge.

Ganz langsam, als sträube er sich, die Szene preiszugeben, setzte sich der Staub. Da lag das Wrack in einem totalen Chaos. Die Tragflügel verdreht und gebrochen, die Kufen nur noch Streichhölzer. Die beiden Insassen lagen bewegungslos unter den Überresten der oberen Tragfläche verschüttet.

Die Retter hoben Orville auf und betteten ihn ins Gras. Selfridges Khaki-Uniform war blutbefleckt und zerrissen. In seinem Gesicht klaffte eine über zehn Zentimeter lange Schnittwunde. Als sie seinen bewegungslosen Körper aus dem Wrack zerrten, gab er keinen Laut von sich.

Ein Dr. Watters aus New York kümmerte sich um Orville, während drei Sanitäter der Army, die den Flug beobachtet hatten, Selfridge beistanden. Davon überzeugt, dass Orville bei diesem Absturz ums Leben gekommen war, brach Charlie Taylor weinend zusammen. Erst als Dr. Watters ihm versicherte, dass die Chancen des jüngeren Wright-Bruders, völlig wieder hergestellt zu werden, gut stünden, konnte er sich schließlich wieder zusammenreißen.

Am Abend gaben die Ärzte bekannt, dass Orville sich einen Bruch des linken Oberschenkels, etlicher Rippen und einige ernsthafte Wunden in der Kopfhaut zugezogen habe. Er hatte unglaubliches Glück gehabt. Doch galt das Gleiche leider nicht für Tom Selfridge. Er hatte sich einen Schädelbasisbruch zugezogen und starb auf dem Operationstisch unter den Händen der Ärzte kurz nach zwanzig Uhr, ohne das Bewusstsein wiedererlangt zu haben. Dadurch kam Selfridge die traurige Berühmtheit zu, das erste Absturzopfer der motorisierten Luftfahrt geworden zu sein.

In Frankreich wollte Wilbur gerade zu einem weiteren Demonstrationsflug starten, als das Überseetelegramm – *le papier bleu* – eintraf. Es beinhaltete lediglich die Information, dass der *Flyer* auf dem Exerzierplatz von Fort Myer abgestürzt war, Orville dabei verwundet worden und Selfridge ums Leben gekommen war. Doch kein Wort darüber, wie schwer Orville verwundet war. Ein zweites Telegramm folgte etwas später am Tag. Orville würde wieder gesund werden. Wilbur konnte aufatmen.

Der Grund für dieses fatale Unglück war ein fehlerhafter Propeller gewesen. Bei Wartungsarbeiten vor dem Start hatte

Die Luft ist an der Absturzstelle immer noch staubgesättigt, als benommene Zuschauer mit den verstümmelten Tragflächen des Flyer *kämpfen. Glücklicherweise befanden sich etliche Ärzte unter den Zuschauern, die quer über den Flugplatz rannten, um Passagier und Piloten zu behandeln.*

Links: Selfridge stürzt in dieser wild stilisierten Zeichnung des Absturzherganges aus dem Flugzeug. Er hatte die zweifelhafte Ehre, das erste Todesopfer des Motorflugs zu sein. Rechts: Eine Nahaufnahme von einigen Zerstörungen, die am Flyer *durch den Absturz entstanden waren.*

man einen fast vierzig Zentimeter langen Riss entdeckt. Damals war es üblich, das Problem dadurch zu lösen, dass man diese Spaltung des Holzes einfach zusammennagelte und anschließend Segeltuch darüber klebte. So das Standardheilmittel. Doch anschließend hatte sich auch in einem anderen Propellerblatt ein Spalt in Längsrichtung geöffnet, der zur Folge hatte, dass es während Orvilles Flug zerbrach – das war das wirbelnde Objekt, dass Augenblicke vor dem Absturz des *Flyers* gesehen worden war. Der Verlust des Blattes löste heftigste Vibrationen aus, die wiederum dafür verantwortlich waren, dass der Stützdraht in der Verbindung zum Ruder gelockert wurde.

Wilburs Gefühle gingen ganz klar aus einem Brief hervor, den er an Katharine schrieb: »Ich komme einfach nicht dagegen an, immer und immer wieder zu denken: ›Wenn ich da gewesen wäre, hätte das alles nicht passieren können.‹ Die Sorgen darüber, Orville ganz allein zurück zu lassen, damit er diese Testflüge unternimmt, waren die wesentlichen Momente dafür, dass ich vor ein paar Wochen beinahe zusammengebrochen wäre, und kaum hatte ich die beruhigenden Nachrichten aus Amerika bekommen, ging es mir auch schon wieder besser. Es hat wohl mehr als ein halbes Dutzend Situationen gegeben, in denen ich kurz davor stand, Berg mitzuteilen, dass ich nach Amerika zurückfahren wollte, ganz gleich, welche Folgen damit verbunden gewesen wären. Es war ganz einfach nicht richtig von mir, Orville ohne meine Unterstützung ganz allein mit einer solchen Aufgabe klarkommen zu lassen.«

Orville lag sechs Wochen im Krankenhaus. Seinen Oberschenkel hatte man richten können, obwohl sein linkes Bein etwas über drei Millimeter kürzer bleiben würde als sein rechtes und er nun für den Rest seines Lebens fast immer Schmerzen haben würde…

Anfang September statteten Alexander Graham Bell, Douglas McCurdy und Casey Baldwin einen Höflichkeitsbesuch im Lazarett von Fort Myer ab. Da Orvilles Ärzte ihnen verboten, den Patienten zu besuchen, hinterließen sie nur ihre Karten und machten sich zu Fuß auf den Weg hinüber zum Nationalfriedhof Arlington, um Selfridges Grabstelle zu besuchen. Auf dem Weg dorthin machten sie kurz bei dem Schuppen halt, in dem man die Überreste des *Army-Flyers* untergebracht hatte, die darauf warteten, zurück nach Dayton gebracht zu werden. Später ärgerte sich Orville schwarz darüber, dass man ihnen die Erlaubnis erteilt hatte, das Wrack nach eigenem Gutdünken zu untersuchen.

Einige Monate später schrieb Wilbur an Chanute, beschrieb das Unglück und wie es dazu hatte kommen können: »In einem Blatt des Steuerbordpropellers bildete sich ein longitudinaler Bruch aus, der das Blatt ein flacheres Profil bekommen ließ, wodurch es an Vortrieb verlor. Da das gegenüber liegende Blatt jetzt nicht mehr durch das beschädigte Blatt mit gleichgroßem Druck ausbalanciert wurde, belastetete dieses seine Antriebsachse und Stützen derart stark, dass es etwas nach vorn und seitwärts aus seiner normalen Position schwingen konnte und gleichzeitig heftige Vibrationen auslöste. Dadurch bekam das unverletzte Blatt seinerseits Kontakt mit dem oberen Stützdraht zum Schwanz und zog diesen frei, wobei sich das Ende des Drahtes gleichzeitig um das Ende des Blattes wickelte und dieses abbrach. Das abgebrochene Blatt war nicht dasjenige, welches für den ganzen Ärger verantwortlich war.«

In der Zwischenzeit lieferte der nimmermüde Augustus Herring das, was er als sein Flugzeug für die Army ausgab. Wenn man den meisten der kursierenden Berichte Glauben schenken wollte, so konnte es in einem Koffer transportiert werden. In Anwesenheit der Luftfahrtbehörde setzte Herring das zusammen, was er als Hauptsegment eines Doppeldeckers bezeichnete. Dieses würde während des Fluges gesteuert, indem man an den Verstrebungen neben dem Pilotensitz zog. Die Behörde gewährte Herring daraufhin eine dritte Verlängerung um einen Monat, also bis Mitte November, um seine Maschine zu komplettieren. Herring hatte sich den Ruf eines Publicity-hungrigen Mannes erworben. Doch diesmal gab er sich merkwürdig reserviert, und weigerte sich standhaft, den Reportern Einblick in seinen Koffer zu gewähren. Diese Haltung erwies sich als recht unvorteilhaft für ihn, denn endlich bekamen die Zeitungen die Möglichkeit zur Revanche. »Das Herring-Flugzeug ist in einen Reisekoffer verpackt«, erklärte der *New York Herald*, »was sicherlich der beste Weg für dessen Verwendung sein dürfte.« Andererseits nahm *Harper's Weekly* Herring ernst und schrieb: »Das Luftfahrtamt der United States Army, dessen Mitglieder in Fort Myer zusammentraten, wurde davon überzeugt, dass diese Erfindung das Problem des Fluges von Menschen positiv und endgültig geklärt hat.« Der gutgläubige Reporter, der Herring interviewte, hatte offensichtlich keine Zweifel an der Rechtschaffenheit seines Gesprächspartners. »Sein Blick begegnet einem mit absoluter Offenheit, und es ist fast unmöglich, sich dem Eindruck zu entziehen, dass die Intelligenz hinter diesen Augen dauernd mit allen möglichen Dingen beschäftigt ist, selbst während dieser Mann einem offene Antworten auf alle Fragen gibt, die man ihm stellt.«

Offene und ehrliche Antworten? Herring konnte noch nicht einmal die Wahrheit sagen, wenn er nach seinem Alter

Der Hund namens Flyer

gefragt wurde. Tatsächlich war er zu diesem Zeitpunkt bereits 43 und nicht 35 Jahre alt, wie er behauptete. Er schwärmte von seinem Flugzeug, führte aus, es sei gerade einmal ein Viertel so groß wie die Maschine der Gebrüder Wright, wobei die Tragflügel in Sektionen unterteilt seien, damit man deren Größe in Abhängigkeit von der Last, die transportiert werden sollte, variieren konnte. Das Wright'sche Flugzeug könne lediglich zwei Personen mitnehmen, Herrings Flugmaschine – zu gut, um wahr zu sein – sollte bis zu einem Dutzend Fluggäste aufnehmen können. Außerdem, behauptete er weiter, sei sie nicht auf ein Katapult angewiesen, um in die Luft zu kommen. Doch noch nie hatte jemand sie in zusammengebautem Zustand gesehen. Dennoch behauptete Herring, sie am 28. Oktober in der Nähe von Hempstead auf Long Island getestet zu haben. Und der einzige Zeuge dieses Tests? Ein Nachbarsjunge – »oder sonst jemand«, sagte er etliche Jahre später vor Gericht aus.

Am 31. Oktober wurde Orville aus dem Lazarett in Fort Myer entlassen und reiste noch am selben Abend zusammen mit Katharine, die ihn wieder gesund gepflegt hatte, nach Dayton ab. Bischof Wright schrieb dazu in seinen Aufzeichnungen: »Sein Verstand arbeitete so präzise wie stets und die Aussicht auf Ausheilung seines Körpers war vielversprechend.« Um die Mitte des Monats November war Orville wieder aktiv. Zwar humpelte er immer noch an Krücken herum, doch hatte er zusammen mit Katharine schon damit begonnen, die über 500 Briefe mit Genesungswünschen abzuarbeiten.

In Frankreich setzte Wilbur derweil seine Demonstrationsflüge fort, wobei er nicht selten den Reportern, die das Camp in der Nähe von Le Mans häufig besuchten, eine Freude damit bereitete, sie kurzerhand als Arbeiter einzustellen, die den *Flyer* aus dem Schuppen und wieder hinein schleppen mussten. Wilbur war zur gefeiertsten Persönlichkeit der Stunde geworden.

Aber trotz aller Zuneigung fanden die Franzosen Wilbur immer noch äußerst rätselhaft. Dieser Mann hatte keinen Sinn für die schönen Dinge des Lebens. Er lebte mit seinem *Flyer* und einem schmuddeligen, doch sehr anhänglichen

Verrückt nach Wilbur

Wilbur wurde zu einer der ersten Berühmtheiten des neuen Jahrhunderts – »der Vogelmensch«, der »Poet des Fligens«, »der Sieger über das Königreich der Lüfte«. Aber die Franzosen empfanden ihn auch als rätselhaft. »Hat er überhaupt ein Herz? Hat er je geliebt?«, fragte eine Zeitung. Eine andere stellte ihn als Pariser Halbwelt-*Apachen* – völlig konträr zu seinem Typ – mit im Mundwinkel hängender Zigarette und einer bewundernden Frau an seiner Seite dar (unten). Er tauchte auf Werbeplakaten für »Extra-leichte Kopfbedeckungen« (oben) auf und überall in Frankreich konnte man Nachbildungen seiner unverwechselbaren grünen Tuchmützen – die als »Veelburs« bekannt wurden – kaufen. Oben rechts und rechts: Skizzen und Postkarten seines Fluges in Le Mans waren begehrte Souvenirs in diesen Tagen.

Mischlingshund, den er ebenfalls Flyer getauft hatte, im gleichen Schuppen.

Auch schienen ihm die Unzulänglichkeiten und das völlige Fehlen einer Privatsphäre in seinem Quartier nichts auszumachen. Nie war er wirklich sicher vor neugierigen Blicken. Es war sogar die Rede von einer Frau, die mit einem Bohrer ein Loch durch eine der Holzwände getrieben hatte, um ihn besser beobachten zu können. Wilbur erzählte, dass er noch nicht einmal in der Lage gewesen sei, ein Bad zu nehmen, ohne dass um die Hundert Menschen ihn dabei beobachteten. Doch in jenen Tagen bewunderte ihn jedwede Gesellschaftsschicht Frankreichs. Ganz gleich ob Könige oder Prinzen, Soldaten oder Arbeiter – für alle war er ein Held. Ein junger spanischer Maler namens Pablo Picasso gab einem Freund sogar den Spitznamen »Vilbare«.

Tag für Tag trafen Menschenmassen ein, Wilbur fliegen zu sehen. Die Reise nach Le Mans legten sie im sogenannten *Le Mans-Auvours Flugzeug-Transportdienst* zurück – bestehend aus einer ganzen Flotte von einheimischen Taxis, deren Besitzern es mit ihrem Fuhrunternehmen im Leben noch nie so gut gegangen war. Die Geschäfte waren voll mit Souvenirpostkarten, auf denen das falkenähnliche Profil des Amerikaners als Karikatur abgebildet war. Wilbur erhielt unglaublich zahlreiche Einladungen zu Banketten und anderen gesellschaftlichen Anlässen. Im Rahmen einer Einladung, die er beim Aéro-Club de la Sarthe angenommen hatte, hielt er eine Rede, die als bezeichnend für seine Wortkargheit angesehen werden kann: »Ich kenne nur einen einzigen Vogel, nämlich den Papagei, der sprechen kann, dafür kann er nicht besonders hoch fliegen.«

In Laufe der Zeit nahm Wilbur an die sechzig Passagiere mit auf seine Flüge über dem Camp d'Auvours. Der erste war der ziemlich beleibte Léon Bollée. Die Tatsache, dass der *Flyer* in der Lage war, den knapp 120 Kilogramm schweren Bollée zu transportieren, war ein guter Beweis für die Leistungsfähigkeit des Flugzeugs. Mrs. Hart O. Berg, die Frau des Agenten der Wrights in Europa, war eine der ersten Frauen in der Luft. Vor dem Start hatte sie noch eine Schnur um ihre Fußgelenke gebunden, um zu verhindern, dass ihr

das Kleid durch den Fahrtwind hochgeblasen wurde, was zur Folge hatte, dass Mrs. Berg nach dem Flug zunächst einmal eine Art Sackhüpfen veranstalten musste, bevor die Schnur entfernt werden konnte.

Angeblich hat sie dabei ein Modeschöpfer beobachtet und ebenso angeblich soll dies die Geburtstunde der Sackkleider-Mode gewesen sein.

Bestandteil des Vertragswerkes zwischen den Wrights und der französischen Regierung war die Ausbildung von

Links: Mrs. Hart O. Berg posiert auf diesem Foto mit Wilburs Hund Flyer. Sie war die erste Frau, die in einem Flugzeug mitflog. Rechts: Mit seinen rund 120 Kilogramm Körpergewicht war der französische Automobil-Pionier Léon Bollée sicherlich einer der schwersten Passagiere, die mit Wilbur im Flyer *flogen.*

drei Franzosen zu Piloten einer solchen Maschine. Mit dieser Ausbildung sollte gegen Ende Oktober begonnen werden, doch dann spielte auf einmal das Wetter nicht mehr mit. Die Wochen flossen dahin und langsam hatte Wilbur Camp d'Auvours satt. Er wollte Weihnachten wieder zu Hause sein, doch wie es aussah, standen im Augenblick die Chancen schlecht, seine Arbeit bis dahin abgeschlossen zu haben. Also bat er seine Familie, zu ihm nach Europa zu kommen. Unglücklicherweise fühlte sich der inzwischen 80-jährige Bischof Wright gesundheitlich nicht mehr dazu in der Lage, eine solche Reise zu unternehmen. Katharine entschied sich, erneut ihre Stelle als Lehrkraft an der Steele High aufzugeben und Orville nach Europa zu begleiten, damit die beiden Unzertrennlichen endlich wieder vereint wären.

Bis dahin lebte Wilbur weiter mit seinem Hund Flyer im Flugzeughangar. Ein kleiner Ofen lieferte die notwendige Wärme. Im November reiste er nach Paris, um verschiedene Ehrungen in Empfang zu nehmen. Typisch für ihn, dass ihm das mehr Belastung als Freude bedeutete. Immer noch waren die Zeitungen voll mit Berichten über ihn und sein Flugzeug. War es da nicht unvermeidlich, dass es einmal zu einem Rückschlag kommen musste? Schon bald, da war sich Wilbur seiner Sache völlig sicher, würden die Franzosen genug von ihm haben. Doch seine Befürchtungen waren unbegründet. Die Franzosen hörten nicht auf, ihn zu bewundern und für ihn zu schwärmen.

Französische Flieger taten ihr Bestes, mit »Vilbare« gleichzuziehen, und bauten die unterschiedlichsten Variationen von Querrudern an ihre Maschinen, damit ihre Geräte ähnlich effizient würden wie der *Flyer* der Wrights, und schon bald wurden die ersten Nutzen daraus sichtbar. Am 30. Oktober schaffte Henri Farman den ersten Überlandflug der Geschichte, indem er innerhalb von zwanzig Minuten 27 Kilometer weit vom Camp de Chalons nach Reims flog.

Einige Franzosen bemühten sich, den Nationalstolz wieder herzustellen, indem sie sich hartnäckig an den Glauben klammerten, dass Clément Ader bereits ein halbes Dutzend Jahre vor den Wrights das erste motorisierte Flugzeug geflogen habe. Andere behaupteten, dass Santos-Dumonts Flug von 1906 in dessen furchtbarer *14 bis* der erste Motorflug der Geschichte gewesen sei. Vielleicht waren derartige Behauptungen einfach unvermeidlich.

Im Dezember 1908 öffnete die größte Luftfahrtschau, die es bis dato gegeben hatte, im Pariser Grand Palais ihre Pforten. Aders *Avion* erhielt dabei einen Ehrenplatz zwischen den beiden Haupttreppen im Eingang, die zu den Ausstellungsräumen führten. Nationalistische Leidenschaft rief damals eine ganze Menge unüberlegter Äußerungen hervor, und der Aéro-Club de France tat das seinige, den Kessel mit der Suppe des Patriotismus weiter anzuheizen. Der Club weigerte sich, Wilbur Zugang zum Wettbewerb um den vom Club ausgesetzten Preis in Höhe von 2500 Francs zu gewähren, bei dem es um das Erreichen einer Flughöhe von 25 Metern ging, indem sie festlegten, dass dieser nur von Flugzeugen gewonnen werden konnte, die aus eigener Kraft und ohne Zuhilfenahme von Gewichten, welche die Maschine in Bewegung setzten, starten konnten. Wilbur zeigte aber, dass er den Preis trotzdem hätte gewinnen können, und startete noch einmal mit verlängerter Anlaufschiene und ohne die Gewichte einzusetzen.

Im Oktober hatte die Londoner *Daily Mail* noch einen Preis in Höhe von 1000 Pfund (die damals etwa 5000 US-Dollar wert waren) für den ersten Flug über den Ärmelkanal ausgesetzt. Wilbur war geneigt, die Sache in Angriff zu nehmen, doch Orville mahnte ihn zur Vorsicht: »Ich habe etwas gegen die Vorstellung, dass du einen Flug über den Kanal unternimmst, wenn ich nicht dabei bin. Ich habe nämlich nicht das größte Vertrauen in die Art und Weise, wie du mit dem Motor umgehst. Es scheint, als hättest du stets größere Probleme mit dem Motor als ich.«

Wilbur war einverstanden und verstärkte stattdessen seine Bemühungen, den Michelin-Cup zu gewinnen, der für den längsten Flug des Jahres ausgeschrieben worden war. Er wäre eigentlich viel lieber über Weihnachten nach Dayton zurückgekehrt, war sich andererseits aber sehr wohl der Tatsache bewusst, dass auch noch etliche andere auf den Gewinn des Michelin-Preises aus waren. Am 18. Dezember hob Wilbur gegen zehn Uhr vormittags ab und flog den vorgegebenen Kurs trotz starker Winde und Schneetreibens. Nach fast zwei Stunden musste er wieder landen, weil eine Schmierölleitung verstopft war – zuvor hatte er allerdings eine Strecke von fast 100 Kilometern zurückgelegt. Etwas später am Tag hob Wilbur erneut ab, um den mit den 1000 Francs dotierten Prix de la Hauteur zu gewinnen. Er erreichte die vorgegebene Höhe von 350 Fuß, also genau 106,75 Meter, mit Leichtigkeit und war damit höher geflogen als je ein Mensch zuvor in einem Flugzeug.

Am letzten Tag des Jahres startete Wilbur, um einen zweistündigen Dauerflugrekord aufzustellen. Doch eine undicht gewordene Kraftstoffleitung zwang ihn schon nach 42 Minuten wieder zur Landung. Nach der Reparatur startete er erneut und flog weiter den Dreieckskurs ab. Trotz ununterbrochenen Schneeregens und starker Regenfälle zog er zwei Stunden und 20 Minuten Dauerflug durch. Die französische Regierung ehrte die Gebrüder Wright dafür mit der Mitgliedschaft in der Ehrenlegion. Ein paar Tage später machte sich Wilbur auf den Weg nach Paris, um Orville und Katharine abzuholen, und bereits einen Tag später war er wieder unterwegs nach Pau in Südfrankreich, um mit der Ausbildung der Piloten zu beginnen – während Orville und Katharine um Haaresbreite dem Tod entgingen, als sie als Passagiere in den Frontalzusammenstoß zweier Eisenbahnzüge verwickelt wurden. Wunderbarerweise trug keiner von beiden dabei auch nur die geringste Verletzung davon.

Die Stadt Pau hatte weder Kosten noch Mühen gescheut, Wilbur für sich zu gewinnen, und hatte ihm ein anderthalb

Eine Gedenkpostkarte der französischen Stadt Pau, wo Wilbur seine französischen Piloten ausbildete

Quadratkilometer großes Flugfeld in der Nähe von Pont-Long nur wenige Kilometer vor der Stadt zur Verfügung gestellt. Der Hangar, in dem der *Flyer* untergestellt werden sollte, verfügte über eine Werkstatt für die notwendigen Reparaturen und Tore, die breit genug waren, um das Hinein- und Hinausbringen der Maschine mit komplett montierter Schwanz- und Bugrudersektion zu ermöglichen. Wie er es sich schon in Le Mans zu Eigen gemacht hatte, schlief Wilbur auch hier auf dem Flugfeld, jedoch in einem bei weitem komfortableren Quartier als dem, welches er im Norden bewohnt hatte. Ein französischer Chefkoch war vom Bürgermeister der Stadt persönlich engagiert worden, der sich ausschließlich um Wilburs leibliches Wohl zu kümmern hatte. Darüber hinaus hatte man eine eigene spezielle

Telefonleitung verlegt, die das Flugfeld mit Pau verband, wo Orville und Katharine kostenlos im luxuriösen Hotel Gassion logierten.

Die drei Schüler Wilburs hießen Paul Tissandier, Capitaine Paul Lucas-Girardville und Graf Charles de Lambert. Als Erstes lernten sie, wie man das vordere horizontale Ruder, also das Höhenleitwerk, bediente. Dann folgte die Einführung in die richtige Handhabung der Verwindungs- und Ruderhebel zwischen den Sitzen. Wilbur flog bei jedem seiner Schüler mit, die Hände auf den Knien und jederzeit bereit zu übernehmen, sollte es Schwierigkeiten geben. Doch es traten nie welche ein. Die drei Schüler schlossen ihre Ausbildung am 19. März ab und bestürzten die Anti-Wright-Clique in Frankreich, weil sie nachgewiesen hatten,

127

Berühmtheiten, Politiker und Adelige schwärmten nach Pau, um den legendären Wilbur Wright zu sehen. Links, oben: Der Pressezar Lord Northcliff gesellt sich hier im Pelzmantel zu anderen begeisterten »Helfern«, um beim Hochziehen des Startgewichts im Katapult für den Flyer mit anzupacken. Links, unten: König Alfonso von Spanien, links im Bild, hört aufmerksam Wilburs Erzählungen über die Einsätze des Flyer zu. Rechts: Eine Luftaufnahme vom außerhalb Roms gelegenen Centocelle, wo die Wrights einen Piloten ausbildeten, der die Maschine fliegen sollte, die sie an die italienische Regierung verkauft hatten.

dass der Betrieb des *Flyer* auf Dauer keineswegs zu kompliziert war.

Die Stadt jedenfalls profitierte enorm von der Anwesenheit der Wrights. Könige und Politiker, Generäle und Adelige reisten nach Pau, um den bemerkenswerten »Vilbare« zu sehen. Und natürlich hatten sie nicht das Geringste dagegen einzuwenden, im Flugzeug sitzend fotografiert zu werden oder wie sie dabei halfen, die schweren Gewichte den Startturm hinauf zu ziehen. König Alfonso von Spanien äußerte den Wunsch, mit Wilbur zu fliegen, doch seine Königin überzeugte ihn davon, dass es besser für ihn wäre,

auf dem Boden zu bleiben. Edward, der korpulente König von England, brauchte erst gar nicht überzeugt zu werden. Er verspürte nicht die geringste Lust, seine gewichtige Figur einem Gerät anzuvertrauen, das einen derart zerbrechlichen Eindruck machte wie der *Flyer*. Die vornehmen Besucher von Pau fanden die drei Wrights faszinierend, doch der rätselhafte Wilbur stand auf jeden Fall an der Spitze ihrer Gunst. Die meisten Reporter beschrieben sein Erscheinungsbild als »falkenartig«, was sicherlich eine angemessene Charakterisierung des ersten Fliegers der Welt war. Wilburs Angewohnheit, im förmlichen Geschäftsanzug einschließlich

Oberhemd und steifem Kragen zu fliegen, stand in scharfem Kontrast zu den Bekleidungsgewohnheiten der europäischen Flieger, die eher großspurige Schals und flotte Lederkleidung bevorzugten.

Doch eine Eigenheit der Wrights brachte die Journalisten völlig aus der Fassung: den verwirrenden Mangel an Interesse der Brüder am anderen Geschlecht. Eine Zeitung hatte die Behauptung eines Offiziers der französischen Armee abgedruckt, er würde Wilbur vor Gericht bringen, weil dieser seiner Frau nachgestellt habe und sich mit ihr zwei Wochen lang in einem Hotel in Le Mans vergnügt habe. Die

ganze Story war pure Erfindung. Die Wrights schienen wirklich keine anderen Interessen zu haben als die Fliegerei und ihre Familie.

Schon bald mussten sie nach Rom reisen, um einen *Flyer* zu liefern und vor Ort einen Piloten auszubilden. Ende März machten sich Wilbur und Hart Berg auf die Reise in die Hauptstadt Italiens. Am 2. April wurden sie König Vittorio Emmanuele vorgestellt. Wilbur zeigte sich gebannt von der Winzigkeit des Regenten, dessen Füße dreißig Zentimeter hoch in der Luft baumelten, sobald dieser auf einem normalen Stuhl Platz nahm.

Wilbur flog von einem Flugfeld namens Centocelle aus. Für den *Flyer* hatte man dort eigens einen Schuppen gebaut. Wilbur selbst schlief in einem Häuschen vor Ort und nahm seine Mahlzeiten gewöhnlich zusammen mit den Offizieren in einem nahe gelegenen Fort ein. Sein Flugschüler war Leutnant Mario Calderara von der italienischen Marine. Die Schulungen nahmen einen zufrieden stellenden Verlauf und gegen Ende April verließen die drei Wrights Rom wieder in Richtung Le Mans, wo ein Abschiedsbankett auf sie wartete. Dieses verließen sie, niedergedrückt vom Gewicht des Wap-

Stadt auf den Beinen, sie willkommen zu heißen. Eine vierspännige Kutsche war vorgefahren, um sie in Begleitung einer Marschkapelle, die »Home, Sweet Home« spielte, von der Eisenbahnstation abzuholen. Über die Hawthorn Street hatte man Lampions zwischen den Ulmen und Pappeln gespannt.

Anschließend ging es weiter nach Washington, um dort Goldmedaillen des Aero Club of America von Präsident William Howard Taft persönlich verliehen zu bekommen – danach wieder zurück nach Dayton, wo die Stadt inzwi-

Im Mai und Juni des Jahres 1909 ehrte die Stadt Dayton ihre berühmten Söhne. Tausende warteten am Bahnhof (links), um ihre Helden willkommen zu heißen. Oben, rechts: Marschkapellen, festliche Flaggen und ein spektakuläres Feuerwerk waren Höhepunkte dieser Feierlichkeiten. Rechte Seite: Massen von Gratulanten vor dem Wohnhaus der Wrights ließen den Brüdern keine Chance, in Ruhe heimzukehren.

pens der Stadt auf einer Goldplakette, etlicher Orden und einer vom Aéro-Club de la Sarthe gestifteten Bronzestatuette.

In England sammelten sie dann noch zwei weitere Orden ein, bevor sie sieben Tage später wieder zu Hause in den Vereinigten Staaten eintrafen – wesentlich berühmter als zum Zeitpunkt ihrer Abreise. In New York waren sie noch Ehrengäste eines Mittagessens, das der Aero Club of America ausgerichtet hatte, und bestiegen gleich anschließend den Zug nach Dayton. Doch ihre Hoffnungen auf ein ruhiges Wiedersehen mit der Familie verflüchtigten sich schon bald. Als wollte man jetzt das Desinteresse im Anschluss an ihren Flug von 1903 wieder gut machen, war diesmal die ganze

schen den Entschluss gefasst hatte, die Jungs mit einem Bürgerfest im großen Stil willkommen zu heißen.

Gegen vier Uhr Nachmittags waren die Festivitäten zu Ende und die beiden, durch nichts zu erschütternden Brüder gingen zurück in ihr Fahrradgeschäft. Doch um neun Uhr Abends schien die ganze Stadt zu explodieren, als Feuerwerkskörper die Porträts von Wilbur und Orville an den Himmel »malten«. Wilbur und Orville bekamen die Congressional Medal of Honor. Der Gouverneur des Staates verlieh ihnen ebenfalls Orden und auch der Bürgermeister der Stadt stand nicht zurück und überreichte diamantenbesetzte Medaillen. Wie üblich fanden die Wrights das alles außerordentlich lästig.

Fort Myer

*»Wir haben für Fort Myer sehr intensiv an unserer Maschine gearbeitet, und da
wir sehr häufig dabei unterbrochen wurden, ging alles viel langsamer voran, als
uns lieb war…«*

Wilbur Wright an Octave Chanute, 6. Juni 1909

Nach all dem Trubel in Dayton erschien Fort Myer in
Virginia geradezu bieder und nüchtern. Der neue *Flyer* sollte
in Kürze die Tests vor den Repräsentanten der Regierung und
der US Army bestehen. Orville sollte die Maschine fliegen,
während Wilbur sich darum kümmern wollte, dass das Flugzeug richtig zusammengebaut und gewartet wurde. Charlie
Taylor sollte ihn dabei unterstützen.

Am 28. Juni 1909 hatte sich eine ansehnliche Menschenmenge angesammelt – die meisten davon Senatoren und
Kongressabgeordnete – die jedoch die Reise nach Fort Myer
vergeblich angetreten hatte. Der Wind hatte aufgefrischt und

die Wrights entschieden, besser nicht zu fliegen. Sofort waren die Zeitungen bei der Hand, die beiden Brüder zu be-
schuldigen, ihre angesehenen Gäste brüskiert zu haben. Am
Spätnachmittag des 29. Juni versuchte Orville zu starten,
schaffte es aber nicht, die notwendige Fluggeschwindigkeit
zu halten, nachdem er die Rampe verlassen hatte. Der rechte
Flügel bekam Bodenkontakt, der *Flyer* schwang herum und
blieb abrupt stehen. Die Schäden waren jedoch unerheb-
lich. Weniger als eine Dreiviertelstunde später knatterte Orville zum zweiten Mal die Rampe hinunter. Er stieg – und
war acht Sekunden später schon wieder auf dem Boden.

*Linke Seite: Mit der Flagge in der Hand geht Wilbur noch einmal die Details für die letzten Minuten vor dem Start durch. Orville, rechts im
Bild, startete an diesem Tag zusammen mit Lieutenant Ben Foulois zu einem Zwei-Personen-Überlandflug, der Bestandteil der Auflagen der
US Army war. Oben: Der neue* Flyer *steht startbereit auf der Rampe von Fort Myer.*

Wilbur diagnostizierte das Problem als unausgewogene Balance. Er ließ rund neun Kilogramm Eisenbarren am vorderen Höhenruder anbringen, doch auch danach schien der *Flyer* nur widerwillig fliegen zu wollen. Er schlitterte kaum sechzig Meter weit über den Exerzierplatz, ohne abzuheben. Gab es ein Problem mit dem Zündarm? Bei jedem Start war er mangels Reibungswiderstand nach hinten gerutscht. Zweifellos trug auch die feuchte Hitze des Sommers zur schwachen Leistung des *Flyer* ihren Teil bei. Als der Abend hereinbrach, schaffte Orville es dennoch abzuheben und flog eine einzige Platzrunde, bevor er wieder landete. Das reichte erst einmal für einen Tag. Am Mittwochmorgen verlängerte die Mannschaft zunächst einmal die Startrampe um etliche Meter. Orville hob kurz ab, zerbrach dann jedoch bei der Landung eine der beiden Kufen. Das alles war weit entfernt von einer erstklassigen Leistung und ließ wohl in den Köpfen einiger Generäle die ersten leisen Zweifel aufkommen.

Am Freitagabend des 2. Juli startete Orville und kreiste anschließend acht Minuten lang. Dann starb der Motor ab. Er landete im Gleitflug, streifte dabei jedoch einen kleinen Baum am Südende des Exerzierplatzes. Darauf stürzte der *Flyer* hart zu Boden, wobei Orville heftig durchgeschüttelt, aber nicht verletzt wurde.

Eine weitere Woche verging mit Reparaturarbeiten. Am 9. Juli war der *Flyer* zwar wieder flugbereit, dafür verboten aber hohe Windgeschwindigkeiten jeden Start. Dann begann der Motor Ärger zu machen. Kaum war er wieder in Ordnung, bereiteten die Kufen Probleme. Doch genau so schnell, wie alles gekommen war, verschwand die Pechsträhne auch wieder. Orville war fast 17 Minuten lang in der Luft und überflog dabei die Stallungen der Kavallerie und das nahe gelegene Kraftwerk.

Am Montag, dem 26. Juli, traf Präsident Taft zusammen mit Vizepräsident James Sherman ein, um den *Flyer* zu inspizieren. Am darauffolgenden Tag begann Orville mit der eigentlichen Testserie, die der Vertrag mit dem Signal Corps vorschrieb. Es war ein Flug mit zwei Personen an Bord, der mindestens eine Stunde dauern sollte, doch er wurde keineswegs unter idealen Bedingungen ausgeführt. Schwarze Wolken zogen sich zusammen, während ein heftiger Wind durch die Wipfel der Bäume fegte. Lieutenant Frank P. Lahm nahm im Passagiersitz Platz und war sich dabei zweifellos der Tatsache bewusst, dass Tom Selfridge seinen unglückseligen letzten Flug unter fast den gleichen Bedingungen angetreten hatte. Orville hob nur Sekunden, nachdem das Automobil des Präsidenten eingetroffen war, vom Boden ab.

Linke Seite: An einem der letzten Tage der Versuchsflüge für die US Army fliegt Orville elegant über den Heldenfriedhof Arlington.
Oben: Auf einem der Testflüge manövriert Orville den Flyer *vor den Augen von Amtspersonen und Zuschauern hinter den Startturm.*

Eine Stunde später landete er wieder und war froh, diesen Teil des Tests erfüllt zu haben.

In den Vertragsbedingungen war ebenfalls ein Überlandflug über 10 Meilen, also rund 16 Kilometer, mit zwei Personen an Bord festgeschrieben worden. Dies sollte der erste Überlandflug in den Vereinigten Staaten von Amerika werden (Farman hatte den ersten der Welt bereits 1908 geschafft). Orville entschied sich für einen Rundflug zum fünf Meilen entfernten Alexandria. Gewicht war für den untermotorisierten *Flyer* ein entscheidendes Problem. Also hatte Orville wohlweislich Lieutenant Ben Foulois mit seiner Größe vom einem Meter und 56 Zentimeter und gerade einmal 57 Kilogramm Körpergewicht als Passagier ausgewählt. Außerdem verfügte Foulois über einige Erfahrung im

Blériot erobert
den Ärmelkanal

Der exzentrische französische Flieger Louis Blériot hatte bereits mehr als ein Dutzend Flugzeuge konstruiert, gebaut und geflogen, bevor er am 25. Juli 1909 mit seinem Eindecker *Blériot IX* startete. Er hatte die Absicht, den mit 1000 Pfund Sterling dotierten Preis für die Überquerung des Ärmelkanals zu gewinnen. Der Franzose hatte keinen Kompass an Bord, es war ein bewölkter Tag und der Wind blies ihm aus Norden entgegen. Er überflog drei Schiffe und folgte ihnen, alles auf eine Karte setzend, weil er davon ausging, dass sie Dover als Zielhafen hätten. Innerhalb von 37 Minuten hatte dieser Flug Blériot zum neuen Helden der Luftfahrt gemacht.

Links: Louis Blériot in den letzten Minuten seines historischen Fluges über den Ärmelkanal im Anflug auf die Küstenlinie von Dover. Vignette, links: Er wurde dadurch zur Berühmtheit unter den Fliegern der damaligen Zeit und die Zeitungen in Frankreich (oben) waren sofort bereit, dieses Ereignis zu einem Augenblick in der Ruhmesgeschichte Frankreichs zu machen.

Kartenlesen und sollte in der Lage sein, Orville beim Ausfindigmachen der Kontrollpunkte zu unterstützen.

Um sechs Uhr abends des 30. Juli, einem Freitag, hob der *Flyer* ab. Orville flog zunächst zwei Platzrunden über dem Exerzierplatz und röhrte dann über die Startlinie. Wilbur und Foulois setzten im gleichen Augenblick – und mit ihnen eine ganze Reihe anderer – ihre Stoppuhren in Gang. Orville flog in einer Höhe von knapp über 100 Fuß und musste dauernd korrigieren, da ein kräftiger Südwestwind den *Flyer* immer wieder vom Kurs abzudrängen versuchte. Manchmal sackte das Flugzeug in den sommerlichen Thermen durch, doch Orville arbeitete völlig gelassen an den Steuerknüppeln, bis er wieder Höhe gewonnen hatte. Seine Kompetenz beeindruckte Foulois, der selbst einmal ein sehr fähiger Pilot und schließlich sogar Kommandeur des US Army Air Corps werden sollte.

Als man den *Flyer* schließlich entdeckte, wie er sich auf seinem Rückweg wieder Fort Myer näherte, brach unter der anwesenden Menschenmenge ein Freudentaumel aus. Die Wrights hatten es geschafft! Das amerikanische Kriegsministerium zahlte ihnen 30 000 Dollar für das Flugzeug.

Etwa zur gleichen Zeit fand in Europa ein sehr wichtiger Flug statt. Louis Blériot, der schier unverwüstliche französische Flieger, der sein Glück im Autoersatzteilgeschäft gemacht hatte, erholte sich von Verbrennungen, die er bei einem Dauertest erlitten hatte, als der Asbest, der das Auspuffrohr umhüllte, abgebrannt war und Blériots Fuß dem glühenden Rohr ausgesetzt war. Nun bewegte er sich unter Zuhilfenahme von Krücken. Sein Flugzeug, die *Blériot XI*, war ein Eindecker mit knapp 14 Quadratmetern Flügelfläche und wurde von einem 25 PS starken Dreizylindermotor angetrieben, der aus der Werkstatt des Italieners Alessandro Anzani stammte. Die Maschine war zwar ziemlich primitiv und schwer, doch bemerkenswert zuverlässig, wodurch sie für eine Kanalüberquerung als besonders geeignet erschien.

Tatsächlich setzte der Anzani, laut Blériot, nicht ein einziges Mal aus. Er landete in der Nähe von Dover Castle, ruinierte sich bei der Landung allerdings das Fahrwerk – an seinen Standards gemessen eine Bagatelle. Für den 38 Kilometer langen Flug hatte er 37 Minuten gebraucht. Blériot war der neue Held der Luftfahrt. Sein Eindecker wurde im Kaufhaus Selfridge in London ausgestellt und etwa 120 000 Menschen standen Schlange, um ihn aus der Nähe zu betrachten. Bei seiner Rückkehr nach Frankreich wurde Blériot empfangen wie einst Napoleon. Sein Eindecker wurde durch die Straßen von Paris gezogen, damit ihn alle sehen und bewundern konnten – ein Triumphwagen der Lüfte. Blériots Teilnahme an der Luftfahrtschau in Reims – der *Grande Semaine d'Aviation de la Champagne* – garantierte der Schau den Erfolg. Die Champagnerkellereien setzten einen Preis in Höhe von insgesamt 200 000 Francs (40 000 Dollar) für Geschwindigkeit, Entfernung und Höhe aus. Der prestigeträchtigste Preis der damaligen Zeit war aber wohl der *Coupe Internationale d'Aviation*, eine Silbertrophäe, die in ihrer enormen Pracht ihren Spender, den überschäumenden James Gordon Bennett, Verleger des New Yorker *Herald*, widerzuspiegeln schien.

Um ihn bewarben sich unter anderen Maschinen von Voisin, Blériot, Antionette, Henri Farman und sechs Wrights, die sich im Besitz von Franzosen befanden. Die Wrights selbst nahmen allerdings nicht an diesem Wettbewerb teil. »Ich bin nur am Bau und Verkauf von Flugzeugen interessiert«, erklärte Wilbur frostig, »mögen sich doch andere bei Rennen amüsieren, wenn ihnen der Sinn danach steht!«

Die Hoffnungen Amerikas ruhten auf einem schweigsamen Mann aus den Weinbaugebieten im oberen Teil des Bundesstaates New York, Glenn Curtiss. Er hatte sich bereits heiße Schlachten mit den Wrights um deren Patente für die Flächenverwindung geliefert. Die Wrights vertraten nämlich die Ansicht, dass jeder, der ein Flugzeug baute und flog, ihnen eine entsprechende Tantieme zu zahlen hätte. Diese Vorgehensweise verschaffte ihnen natürlich sehr wenig Freunde. Die Rechtsstreitigkeiten darüber sollten sich noch über Jahre hinziehen, glühenden Hass hervorrufen und den Fortschritt der Luftfahrt in den Vereinigten Staaten bremsen. (Anfang 1914 versuchte Curtiss das Patent der Wrights anzufechten und zu widerlegen, indem er dazu das unglückselige Langley-*Aerodrome* zur Unterstützung heranzog. Sein Ziel bestand darin, sich so den Nachweis zu verschaffen, dass die Wrights nicht die Ersten waren, die geflogen sind. Obwohl das erheblich modifizierte *Aerodrome* am 28. Mai 1914 seinen wenn auch kurzen Flug über den Keuka Lake im Norden des Bundesstaates New York erfolgreich absolvierte, hatte dieser Flug so gut wie keine Auswirkungen auf die Rechtsstreitigkeiten, die schließlich zu Gunsten der Wrights entschieden wurden.)

Curtiss gewann in Reims den Geschwindigkeitspreis und zischte mit einer Durchschnittsgeschwindigkeit von 76,68 Kilometern in der Stunde über die Ziellinie. Die von ihm in Reims eingesetzte Rennmaschine wurde dabei von einem 50 PS starken, wassergekühlten V-8-Motor angetrieben. Curtiss hatte Blériot, der sich seines Sieges völlig sicher

»Ich kämpfe nicht um Trophäen…«

Wilbur Wright zu dem Journalisten
Heinrich Adams, 1909

gewesen war, nur ganz knapp geschlagen. Henri Farman entschied den Langstreckenwettbewerb für sich – 179,2 Kilometer mit einer Durchschnittsgeschwindigkeit von 72,4 Kilometern pro Stunde – und Hubert Latham (der Blériot vielleicht bei dessen Kanalüberquerung hätte schlagen können, wenn sein Motor nicht kurz vor der britischen Küste den Dienst aufgegeben hätte) gewann den Höhenpreis, nachdem er auf 508 Fuß gestiegen war.

Doch die bemerkenswerteste Tatsache, die dieses Treffen von Reims auszeichnete, dürfte die gewesen sein, dass kein einziger der angetretenen Flieger dabei sein Leben verlor – eine erstaunliche Leistung, wenn man den Mangel an Erfahrung bei den meisten Piloten in Betracht zieht. Einer beispielsweise, Étienne Bunau-Varilla, hatte gerade erst sein Examen an der Highschool gemacht und von seinem Vater als Belohnung ein Flugzeug geschenkt bekommen. Der begeisterte Schüler begann sofort, das Fliegen zu lernen – nur wenige Tage bevor die Flugschau begann. Ein anderer, Monsieur Ruchonnet, hatte erst am Wochenende vor dem Treffen mit der Flugausbildung begonnen.

Orville reiste nach Deutschland, um den *Flyer* vorzuführen. Es wurde ein äußerst erfolgreicher Besuch. Orville nahm Kronprinz Friedrich Wilhelm mit auf einen 15-minütigen Flug, und im Anschluss daran schenkte ihm der Prinz seine mit Diamanten und Rubinen besetzte Krawattennadel. Orville brach auch gleich noch Lathams Höhenrekord, den er auf 1600 Fuß, also 488 Meter, verbesserte.

Wilbur war ebenfalls recht beschäftigt in dieser Zeit. Im Rahmen der Hudson-Fulton-Feierlichkeiten, bei denen sowohl des 300. Jahrestages von Henry Hudsons Erforschung des Hudson River in dessen *Half Moon* gedacht wurde, als auch der 102. Jahrestag der Reise Robert Fultons in der *Clermont* gefeiert wurde, wollte er eine Strecke von zehn Meilen zurücklegen oder zumindest eine Stunde in der Luft bleiben. Auch Glenn Curtiss sollte mitwirken und seine Aufgabe bestand in einem Flug über den Hudson, ausgehend von Grovernors Island im nördlichen Teil der New Yorker Bucht nach Grant's Tomb am Riverside Drive in Upper Manhattan. Zwei Hangars waren für die Maschinen von Wright und Curtiss auf den Sandstränden von Grovernors Island errichtet worden.

Links: Obwohl die Wright-Brüder selbst nicht an dem berühmten Flugrennen von Reims teilnehmen wollten, wurden doch sechs ihrer Flugzeuge dort angemeldet, darunter das von Eugène Lefebvre gesteuerte.

Das Schiff, welches Curtiss und seine Maschine von Europa zurückbringen sollte, legte am 21. September an. Am darauffolgenden Morgen nahm Curtiss die Fähre nach Grovernors Island und blieb beim Hangar der Wrights stehen. Die Begrüßung der beiden Männer war ausgesprochen herzlich und niemand, der diese Begegnung erlebte, hätte angenommen, dass zwischen den beiden eine tiefe Abneigung bestand.

Augustus Herring, der stets auf der Suche nach Gelegenheiten war, ein paar Dollar zu machen, arrangierte bei Wanamaker's, dem New Yorker Kaufhaus, eine Ausstellung von Curtiss' Rennmaschine aus Reims zu einem Preise von 5000 Dollar. Da die Rennmaschine auf diese Weise gebunden war, musste Curtiss nun die Schau mit einer noch nicht erprobten Maschine bestreiten.

Am 4. Oktober hob Wilbur von Grovernors Island mit einem etwas ungewöhnlichen Einsatz zwischen den Landekufen ab: einem Kanu. Da ein längerer Flug über Wasser auf dem Tagesprogramm stand, hatte er das Gefühl gehabt, dass ein Kanu eine durchaus wertvolle Ergänzung seiner Ausrüstung darstellte. Sollte er nämlich auf dem Wasser niedergehen müssen, fühlte er sich ziemlich sicher, dass das Kanu ihn und den *Flyer* zumindest so lange tragen würde, bis die Retter eintrafen.

Von Grovernors Island gestartet, drehte er nach Norden ab und flog den Hudson hinauf in Richtung Grant's Tomb, um anschließend wieder umzukehren und zurück zur Insel zu fliegen. Dort landete er sicher, ohne dass er von seinem Kanu hatte Gebrauch machen müssen. Wilburs Reise den Hudson hinauf machte Schlagzeilen, da dies derjenige Flug eines einzelnen Mannes gewesen war, der von der größten Menschenmenge aller Zeiten beobachtet worden war. Außerdem stellte er möglicherweise den Höhepunkt in der fliegerischen Laufbahn der Gebrüder Wright dar. Denn die Europäer begannen aufzuholen.

Rechts: Wilburs grandioser Flug den Hudson hinauf wurde durch ein Gemälde von William S. Phillips unsterblich. Dieser Flug markierte darüber hinaus den Höhepunkt des Erfolges der Gebrüder Wright als Pioniere der Luftfahrt. Oben: Wilburs Revers-Gedenkbändchen von den Hudson-Fulton-Feierlichkeiten.

»Es war ein interessanter Ausflug und bisweilen richtig aufregend.«

Wilbur Wright beschreibt seinem Vater seinen Flug von Grovernors Island nach Grant's Tomb am 4. Oktober 1909

KAPITEL

12 Zuschauersport

»Es gibt keinen Sport, der das bietet, was Flieger genießen können,
wenn sie auf großen weißen Flügeln durch die Lüfte getragen werden.«

Wilbur Wright, 1905

Das Werbeplakat (links) und die Postkarten (oben) zeigen, wie
schnell die Flieger sich zu beiden Seiten des Atlantiks auf den
lukrativen Zirkus der Flugtage stürzten. Rechte Seite: Der
mit Werbung ortsansässiger Firmen überladene Hangar der
Wright'schen Flugschule in Montgomery, Alabama.

142

Der Erfolg von Reims zog auch andere Veranstalter auf die Flugfelder. Die Luftfahrt war zu einem Zuschauersport geworden – und zwar zu einem äußerst einträglichen. Anfangs hatte es noch gereicht, eine Maschine nur während des Fluges beobachten zu können, um die Menschenmengen zu bannen, doch das sollte schon bald nicht mehr reichen. Es dauerte nicht lange, und es wurden Stunts in ständig steigender Waghalsigkeit notwendig, um die Massen anzuziehen – und solche Attraktionen wurden dementsprechend honoriert. Schauflugpiloten konnten bis zu 1000 Dollar pro Tag verdienen, und das zu einer Zeit, in der sich eine Familie mit einem Jahreseinkommen von 500 Dollar schon glücklich schätzen konnte.

Um Werbung für den Verkauf ihrer Flugzeuge zu machen, trafen die Gebrüder Wright widerstrebend die Entscheidung, sich ebenfalls an dieser zwar lukrativen, aber recht gefährlichen Aktivität zu beteiligen. Im März des Jahres 1910 rekrutierten sie einen Kader von Piloten und eröffneten eine Flugschule in Montgomery, Alabama, wo die Witterungsbedingungen im Winter noch ausreichend mild waren, um Ausbildungen durchführen zu können. Arch Hoxsey und Ralph Johnstone, ein Kunstfahrradfahrer und ehemaliger Zirkusclown, waren die bekanntesten Piloten der Wrights und ständige Rivalen. Zu ihnen musste auch Frank Coffyn, einer junger Mann aus einer New Yorker Bankiersfamilie, gerechnet werden. Coffyn hielt große Stücke

auf die Gebrüder Wright und erinnerte sich auch später noch an Wilbur als »sehr überlegt handelnden und wunderbaren Mann«. Orville brachte Coffyn in etwa anderthalb Stunden die Grundlagen bei. Dann übernahm Walter Brookins diese Aufgabe und vervollständigte die Einweisung.

Glenn Curtiss liebte das Schaufluggeschäft ebenfalls und stellte auch eine eigene Pilotentruppe auf die Beine. Sein erster Schüler war der ehemalige Harvard-Student Charles Willard, sein zweiter Charles »Daredevil« Hamilton, ein Teufelskerl und Draufgänger mit roten Haaren und Segelohren, der sich später einen beachtlichen Ruf erwerben

sollte – und dann im Alter von 28 Jahren erstaunlicherweise an Tuberkulose im Krankenbett sterben sollte, nachdem er nicht weniger als 63 Abstürze überlebt hatte.

Es war schon ein schillernder Haufen, diese ersten Schaupiloten. Curtiss stellte Beckwith Havens, einen geschniegelten jungen Automobilverkäufer, ein, der aufgrund seines Aussehens auch ohne weiteres für ein Modejournal hätte posieren können. Er erinnerte sich gut an die Gefahren, die durch den Wind hervorgerufen wurden: »Wenn es wirklich stark blies, hatte kein einziger den Wunsch zu fliegen, wenn es nicht unumgänglich war. Doch die Menschenmengen forderten, dass man zu starten hatte. Im Programm war eben festgelegt, dass um halb drei geflogen werden musste. Also, was sollte es, wenn der Wind einmal stark wehte. Man blickte ständig nach dem Wind, wissen Sie – in welche Richtung der Rauch zieht, Flaggen auswehen, Wäsche auf der Leine flattert und so was. Ich tu's noch heute.«

In Enid, Oklahoma, bekam es Havens mit einer skeptischen Menschenmenge zu tun, die bezweifelte, dass er überhaupt fliegen konnte. Es blies ein heftiger Wind und Havens versuchte alles hinauszuzögern, weil er wusste, dass der Wind gegen Sonnenuntergang schwächer werden würde: »Um die Zeit totzuschlagen und auch, um zu sehen, ob es irgendwelche Maulwurfhügel gab, die mich in Schwierigkeiten bringen konnten, entfernte ich mich von der Haupttribüne. Außerdem wollte ich einfach nur weg von den Leuten, weil diese Menschen mich ausbuhten und dergleichen und mich ganz schön nervös damit machten. Also lief ich hinaus auf die Prärie, um nach Maulwurfshügeln zu suchen, und nachdem ich mich ein Stück weit entfernt hatte, hörte ich plötzlich den Hufschlag eines galoppierenden Pferdes hinter mir. Es war der Sheriff in einer Kutsche, die von einem Calico-Pony gezogen wurde. Er sass in der Kutsche, weil er nur noch ein Bein hatte – das fehlende war ihm in einem Revolverkampf abgeschossen worden. Er parierte sein Pony durch, so dass er unmittelbar neben mir zum Stehen kam, blickte mich an und sagte: ›Willst du fliegen, mein Sohn?‹ Ich sagte: ›Ja.‹ ›Dann sieh zu, dass du hier reinkommst!‹ Also stieg ich bei ihm ein und er zog das Pony herum, hetzte zurück und brachte es schlitternd vor der Haupttribüne zum Stehen. Dann stellte er sich auf sein eines Bein, zog den Revolvergurt hoch, gebot mit erhobenem Arm Schweigen, und nachdem die Menge ein wenig stiller geworden war, brüllte er aus vollem Halse los, damit auch jeder ihn richtig verstehen konnte: ›Leute, gebt diesem Jungen eine Chance! Dies ist der letzte Flug für ihn, bevor er zum Totengräber muss!‹ Daraufhin brach alles in schallendes Gelächter aus und das Eis war gebrochen. Ich startete, alles lief ausgezeichnet, und ich war der große Held.«

Im Januar 1910 begann in Los Angeles die erste wirklich große Luftfahrtschau der Vereinigten Staaten von Amerika. Der einzige Teilnehmer am Wettbewerb, der aus dem Ausland kam, war Louis Paulhan aus Frankreich. In seinem Gefolge befanden sich seine Frau, zwei Farman-Doppeldecker, zwei Blériot-Eindecker, zwei Mechaniker und ein Pudel. Paulhan gehörte zu den gut bekannten Fliegern und hatte schon das Rennen von Reims als Vierter beendet. Doch im gleichen Augenblick, da er in New York von der Gangway des Schiffes trat, begannen seine Schwierigkeiten. Im Auftrag der Wrights tätige Rechtsanwälte händigten ihm eine einstweilige Verfügung aus, die es ihm verbot, in den Vereinigten Staaten zu fliegen. Die Steuerung an seinen Flugzeugen verletze die Rechte des Flächenverwindungspatents der Gebrüder Wright, erklärten sie ihm.

Bereits kurz darauf übergab ein Bundesrichter Glenn Curtiss in Los Angeles ebenfalls eine solche einstweilige Verfügung, gegen die dieser aber unverzüglich Einspruch einlegte und ohne weitere Skrupel dennoch startete.

Er war allerdings nicht der einzige Europäer, der den juristischen Winkelzügen der Wrights zum Opfer fiel. Claude Grahame-White, ein stattlicher junger Engländer aus gutem Hause, hatte es schon zum Rennradchampion gebracht, bevor er Automobilhersteller wurde und schließlich seine Ausbildung als Pilot abschloss. Das Fliegen hatte er 1909 in der Schule von Blériot gelernt und anschließend nur ganz knapp den von der *Daily Mail* mit 10 000 Pfund Sterling dotierten Preis für den ersten Mann verpasst, der es schaffte, an einem Tag von London nach Manchester zu fliegen – immerhin eine Entfernung von knapp 300 Kilometern.

Linke Seite: Im Januar 1910 beeindruckt Glenn Curtiss die Menge auf der Luftfahrtschau in Los Angeles, der ersten großen Veranstaltung dieser Art in den Vereinigten Staaten.
Ganz rechts: Der britische Flieger Claude Grahame-White, auch in einem seiner Flugzeuge zu sehen (rechts), eroberte die amerikanische Fliegerszene im Sturm. Er war unter den ersten, die mit den Patentansprüchen der Wrights in Konflikt gerieten.

Das Team von Curtiss räumte bei diesem Treffen mehr als 10 000 Dollar an Preisgeldern ab, doch es war der galante kleine Franzose, der das ganze Feld in den Schatten stellte. In seinem Farman-Doppeldecker stieg er auf eine noch nie erreichte Höhe von 4165 Fuß, das sind über 1270 Meter, und steigerte diesen Erfolg sogar noch durch seinen Flug zur Rennbahn von Santa Anita und zurück. Er gewann in Los Angeles insgesamt über 19 000 Dollar und begab sich unmittelbar darauf auch schon auf eine Tournee durch die Städte des Westens. Doch er kam nicht weit. Am 17. Februar händigte ein United States Marshall Paulhan Papiere aus, in denen er aufgefordert wurde, eine Sicherheitsleistung in Höhe von 25 000 Dollar für alle kommerziellen Flüge zu hinterlegen – erneut ein Werk der Wrights. Außer sich vor Wut, sagte Paulhan sämtliche Vorführungen ab und kehrte nach Europa zurück.

Diesen Preis hatte der Franzose Louis Paulhan gewonnen. Auf seinem Weg nach Amerika deklassierte Grahame-White alle anderen Piloten des Treffens und gewann dann bei einer Ausstellung in Brockton, Massachusetts, ganz locker 50 000 Dollar, bevor er sich auf den Weg nach New York machte, um am Flugtag von Belmont teilzunehmen. Dort waren auch noch etliche andere führende Flieger vertreten, besonders die Gebrüder Wright, die gerade mit ihrem Pilotenteam und drei neuen Maschinen eingecheckt hatten. Sie waren entschlossen, in Belmont gut abzuschneiden, da der Glanz des Namens Wright zu verblassen begann, nachdem ihre fliegerischen Heldentaten immer mehr durch ihre Rechtsstreitigkeiten überschattet wurden. Ihre neue Rennmaschine rief einiges Aufsehen hervor. Gerüchten zufolge sollte sie über 60 Knoten und damit über 110 Kilometer in der Stunde schnell sein. Bei dem Flugzeug handelte es sich um eine

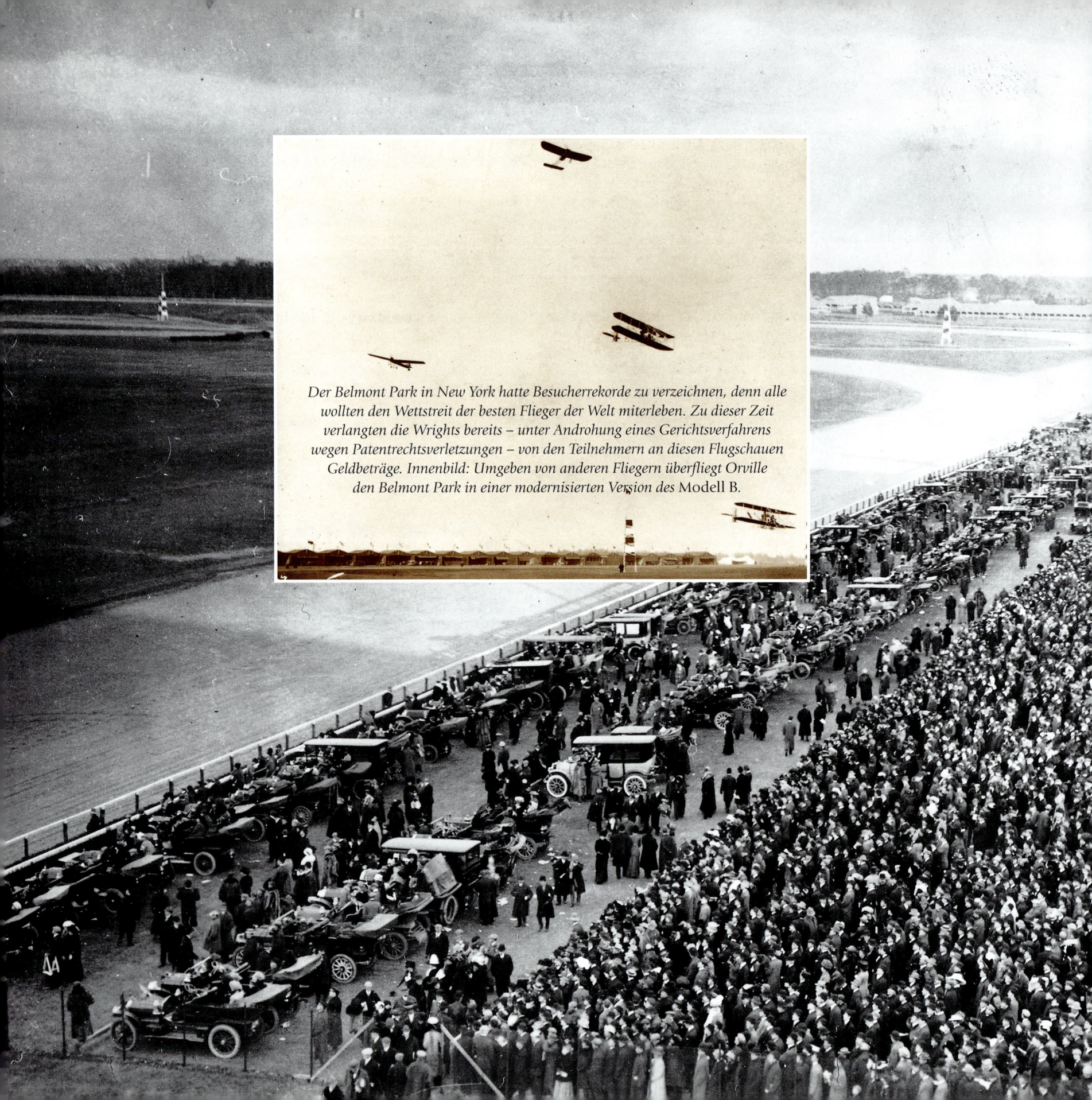

Der Belmont Park in New York hatte Besucherrekorde zu verzeichnen, denn alle wollten den Wettstreit der besten Flieger der Welt miterleben. Zu dieser Zeit verlangten die Wrights bereits – unter Androhung eines Gerichtsverfahrens wegen Patentrechtsverletzungen – von den Teilnehmern an diesen Flugschauen Geldbeträge. Innenbild: Umgeben von anderen Fliegern überfliegt Orville den Belmont Park in einer modernisierten Version des Modell B.

abgespeckte Version des »Baby Grand« genannten Modells B. Mit einer Spannweite von sechs Metern und 40 Zentimetern und angetrieben von einem 8-Zylinder-Motor, ging man davon aus, dass die *Baby Grand* die Bennett Trophy, den Hochgeschwindigkeitspreis, gewinnen würde. Doch wieder gewann Claude Grahame-White, der in seiner *Blériot* eine mörderische Durchschnittsgeschwindigkeit von genau 53 Knoten flog. John Moisant gewann einen mit 10 000 Dollar dotierten Preis für einen kompletten Rundflug vom Belmont Park zur Freiheitsstatue und zurück. Das Team der Wrights nahm an diesem Wettbewerb nicht teil. Es war Sonntag und die Wrights nahmen grundsätzlich an keinem Sabbat an Wettkämpfen teil. Dennoch brachte ihnen der Flugtag locker 15 000 Dollar zu den 20 000 Dollar ein, die von Grahame-White und anderen an die Wright Company gezahlt worden waren, um Verstöße gegen die Patentrechte zu umgehen.

Die juristischen Rangeleien waren eigentlich schon schlimm genug, doch dann verfolgten andere Probleme die Vorhaben der Gebrüder Wright. Beim nächsten größeren Flugtag im Overland Park in Denver, Colorado, traten die Piloten der Wrights trotz der enormen Kälte an. Ralph Johnstone stieg auf eine Höhe von 800 Fuß und kippte dann im Gleitflug in eine der Spiralen, die ihn berühmt gemacht hatten. Die Blaskapelle spielte lebhafte Militärmusik, während die Menge in »Oooh's« und »Aaah's« ausbrach. Alles verlief bestens, bis Johnstone zu seiner zweiten Spirale ansetzte. Plötzlich kippte die Maschine in einen fast senkrechten Sturzflug.

Starr vor Schrecken beobachteten die Zuschauer, wie Johnstone, deutlich zu erkennen, mit der Steuerung kämpfte, um sein Flugzeug aus dem Sturzflug zu ziehen. Doch er schaffte es nicht. Die Maschine schlug ganz in der Nähe der Haupttribüne in einer riesigen Staubwolke auf dem Boden auf. Währenddessen spielte die Band unbeirrt ihre Um-Pah-Um-Pah-Musik weiter.

Trotz des entschlossenen Vorgehens der Polizei strömten die Zuschauer hinaus aufs Flugfeld und wühlten sich

durch die Trümmer auf der Suche nach Souvenirs: ein Stückchen von der Bespannung hier, ein Splitter Holz dort, die Handschuhe des toten Piloten, seine blutgetränkte Mütze. Pilotenkameraden zogen Johnstone aus dem Wrack. Die Band spielte immer noch Um-Pah-Um-Pah-Musik.

Die Fliegerei wurde immer gefährlicher. John Moisant, der in Belmont Park noch den Hauptpreis gewonnen hatte, starb in seiner *Blériot*, als die Maschine in der Nähe von New Orleans in den Sturzflug ging. Am selben Tag startete der Wright-Pilot Arch Hoxsey um 13 Uhr vom Dominguez Field

Ein einheimischer Fotograf fing diese dramatischen letzten Augenblicke im Leben des Wright-Piloten Arch Hoxsey ein, als dessen Maschine 1911 im Rückenflug auf dem Dominguez Field in Los Angeles abstürzte.

in Los Angeles mit einer Wright Modell B. Er hatte vor, sich mit 12 000 Fuß (3660 Meter) einen neuen Höhenrekord zu sichern. Er kam jedoch nicht höher als 7000 Fuß und näherte sich der Erde dann wieder im Gleitflug. Kurz über dem Erdboden legte sich die Maschine plötzlich auf den Rücken und trudelte in den Boden. Hoxsey war auf der Stelle tot, aufgespießt von einem Bestandteil des Motors. Gegen Ende des Jahres 1911 hatten bereits mehr als 100 Piloten und Passagiere ihr Leben bei Unfällen verloren. Das unschuldige Zeitalter der Fliegerei war vorüber.

Die Wrights hatten sich alles ganz anders vorgestellt. Sie hatten dort Erfolg gehabt, wo andere – von denen einige sogar im Laufe der Entwicklung ihr Leben verloren – versagt hatten. Das Flugzeug der Wrights flog tatsächlich, und was noch wichtiger war, sie konnten es steuern. Die beiden Brüder wussten genau, dass noch viel getan werden musste, um ihr Flugzeug zu verbessern, doch sie fanden, dass sie, statt ihre Zeit und Aufmerksamkeit weiterer Forschung und Experimenten zu widmen, immer stärker in geschäftliche Angelegenheiten eingebunden wurden, Gerichtsverfahren durchziehen mussten und im Grunde mit Dingen beschäftigt waren, wonach keinem von beiden eigentlich der Sinn stand. Wilbur brachte seine Gedanken hierzu in einem Brief vom Dezember 1910 zum Ausdruck: »…Orville und ich haben unsere Zeit mit geschäftlichen Angelegenheiten verschwendet und praktisch keine Zeit mehr für Experimente oder Ursachenforschung mehr gehabt. Doch kein Mensch der Welt zahlt einem auch nur einen Cent für die letztgenannten Dinge oder für Erfindungen, solange ein Mann nicht bereit ist, sich selbst zu Tode zu arbeiten, und das auch in geschäftlicher Hinsicht. Wir haben uns jedoch dafür entschieden, auszusteigen und zu der anderen Art von Arbeit zurückzukehren, und das, noch bevor das Jahr um ist…«

Ein Beispiel für diese »andere Art von Arbeit« war ein Gerät, mit dem man sicherstellen konnte, dass ein Flugzeug jederzeit eine stabile Fluglage beibehielt – der künftige Autopilot. Im Jahre 1908 hatten die Brüder ein Patent auf ein Gerät beantragt, dass die Notwendigkeit,

Rechtliche Turbulenzen

»Meiner Ansicht nach wäre es eine gute Sache, ein Interview zu geben, in dem wir ankündigen, alle zu verklagen, die in irgendeiner Verbindung zu Flugmaschinen stehen und gegen die Patentrechte verstoßen.«

Orville Wright an Wilbur, 24. August 1909

im normalen Flug ständig Kurskorrekturen vornehmen zu müssen, eliminieren sollte. Gegen Ende des Jahres 1911 war dieses Gerät fertig. Orville entschied sich, die notwendigen Tests durchzuführen, da Wilbur voll und ganz mit geschäftlichen Dingen beschäftigt war.

In den letzten beiden Oktoberwochen kehrte Orville daher zusammen mit Alexander Ogilvie, einem alten Freund aus England, der Wilburs Platz einnehmen sollte, in ihr altes Camp in Kill Devil Hills zurück. Einige Reporter bekamen Wind von Orvilles Reise und kamen herüber, um zu sehen, was da vor sich gehen mochte. Daraufhin entschied Orville sofort, sein Experiment abzubrechen, und verbrachte die Zeit mit Gleitflügen. Einmal schaffte Orville es sogar, neun Minuten und 45 Sekunden in der Luft zu bleiben – ein Weltrekord, der bis 1921 nicht überboten wurde.

Doch Rechtsstreitigkeiten verfolgten die Wrights auch weiterhin. John Joseph Montgomery war ein Luftfahrtbegeisterter aus Kalifornien, der schon etliche Jahre mit Gleitern herumexperimentiert hatte. Irgendwann im Jahre 1905 hatte ihn die Faszination von der Vorstellung des motorisierten Fluges erfasst und er schrieb an Octave Chanute, um diesen um Rat zu bitten. Chanute leitete den Brief direkt an die Gebrüder Wright weiter. Die zeigten sich allerdings nicht

besonders beeindruckt. Später tauchte Montgomery ein weiteres Mal auf und behauptete, die Flächenverwindung bereits 1890 erfunden zu haben und auch, dass er eine Maschine entwickelt habe, die so gut war, dass seine Piloten darin Loopings mit Leichtigkeit fliegen konnten.

Am 31. Oktober, als Orville über Kitty Hawk segelte, hob Montgomery in einer von ihm konstruierten Maschine von einem Hügel in Evergreen Valley in Kalifornien ab. Eine plötzliche Bö kippte ihn um und er stürzte schwer, doch einer seiner Helfer erreichte nach raschem Spurt noch vor Mrs. Montgomery das Wrack. Sie entdeckten den Piloten unter den Trümmern begraben, den Kopf von einem der langen Sprossenbolzen durchbohrt, die bei dem aus Bambusrohr gefertigten Rumpf verwendet worden waren. Sofort wurde ein Arzt herbei gerufen, doch Montgomery starb, noch bevor dieser eintraf.

Montgomerys Frau, dessen Mutter, Bruder und Schwestern erhoben daraufhin umgehend Klage gegen die Inhaber des Wright'schen Patents. Wie gewöhnlich wurden die Brüder dabei als Verbrecher dargestellt.

Was auch immer die anderen Probleme der Gebrüder Wright gewesen sein mochten, ihre Flugzeuge und Piloten reihten auch weiterhin einen Sieg an den anderen. Veran-

Von einer Bö erfasst, überschlug sich Orvilles Gleiter im Herbst 1911 in Kitty Hawk.

Ballverlust

1910 hatten die Wrights den *Flyer* Modell B vorgestellt. Die neue Konstruktion unterschied sich beträchtlich von den Vorgängermodellen und besass erstmals eine waagerechte Schwanzfläche. Verschwunden war auch der charakteristische *Wright-Entenflügel* – die horizontale Klappe, die vor dem Piloten montiert war, um den *Flyern* die Möglichkeit zu geben, Nickbewegungen auszugleichen. Aber mit der Vorstellung dieses Modells wurde auch klar, dass die Zeiten vorüber waren, da die Wrights in der fliegerischen Innovation die Führungsrolle inne hatten.

Nachdem die Franzosen und ihre Zeitgenossen in anderen Ländern die Wichtigkeit der Kontrolle über die Rollbewegungen eines Flugzeugs erfasst hatten, flogen sie den Wrights im wahrsten Sinne des Wortes auf und davon. Wilbur hätte die Gelegenheit gehabt, den Ärmelkanal mit einem *Flyer Modell A* zu überqueren – doch die Tatsache, dass dies bereits von Blériot als erstem geschafft worden war und er dabei auch noch in einem hübschen Eindecker mit einem richtigen Schwanz geflogen war, verschaffte der Popularität dieser neuen Konstruktion einen enormen Aufschwung.

1910 hatten die Brüder Wright mit einer Hybridkonstruktion zu experimentieren begonnen (ähnlich wie Ferber und ihr Erzrivale Curtiss), die sowohl über Entenflügel als auch Schwanz verfügte. So war es nur noch eine Frage der Zeit, bis daraus das Modell B des *Flyer* wurde.

War das Modell A noch instabil gegenüber Nickbewegungen gewesen, galt dies nicht mehr für das Modell B. Außerdem war dieses Flugzeug erheblich leichter zu fliegen. Ironischerweise war aber der letzte technische Fortschritt, den diese Maschine zu bieten hatte, das Resultat des Erfolgsdrucks, unter den die Wrights durch die Mitbewerber geraten waren. Nie wieder sollten die Gebrüder Wright die Führung in der aeronautischen Innovation zurückgewinnen.

stalter von Flugtagen hatten schon sehr bald herausgefunden, dass es von lebenswichtiger Bedeutung für sie war, immer auf dem neusten Stand zu bleiben, um das Interesse der Öffentlichkeit wach zu halten.

Einer der ersten Gags war der mit 10 000 Pfund Sterling dotierte Preis, den die *Daily Mail* für den gigantischen Flug zwischen London und Manchester ausgesetzt hatte. Nachdem Louis Paulhan diesen Preis gewonnen hatte, erklärte er, dass er diesen Flug nicht »...für zehnmal Zehntausend Pfund...« wiederholen würde. Glenn Curtiss gewann den mit 10 000 Dollar ausgeschriebenen Preis der *New York World* für den Flug von New York City nach Albany.

Dafür flog Walter Brookins, ein hoch angesehener Wright Pilot, 307 Kilometer weit von Chicago nach Springfield in Illinois. Phil Parmalee zurrte Seidenballen auf dem Passagiersitz seiner Wright Modell B fest und flog diese von Dayton nach Colombus in Ohio – dies war der Welt erster Frachtflug. Das Morehouse-Martens-Kaufhaus von Columbus zahlte den Wrights für die Lieferung 5000 Dollar – und verkaufte anschließend nach entsprechend großartiger Werbung stückweise den Stoff, wobei unter dem Strich noch 1000 Dollar Gewinn für das Kaufhaus heraussprangen.

Doch den größten Gag von allen hatte sich der extravagante Verleger William Randolph Hearst ausgedacht. Er bot nicht weniger als 50 000 Dollar für den ersten Flug von Küste zu Küste – der in einem Zeitraum von dreißig Tagen oder weniger zu erfolgen hatte. Seine Geschäftsstrategie war dabei im Grunde ganz einfach: biete mehr verlockenden Anreiz als die Konkurrenten. Normalerweise funktionierte so etwas immer. Drei von den Wrights ausgebildete Piloten kämpften mit aller Macht um das gewaltige Preisgeld. Harry Atwood flog knapp 2100 Kilometer weit, konnte aber nicht die notwendige Unterstützung aufbringen, den Flug zu Ende zu führen. Robert Fowler verließ Los Angeles und erreichte Jacksonville in Florida – jedoch erst 112 Tage nachdem er die Westküste verlassen hatte.

Der dritte Mann war Calbraith Rodgers, dessen Vetter John Rodgers von der US Navy in der Flugschule der Wrights bei Simms Station in der Nähe von Dayton das Fliegen gelernt hatte. Damals hatte der knapp einen Meter und neunzig große Calbraith, ein gestandener Automobil- und Rennbootfahrer, sofort entschieden, ebenfalls Flugstunden zu nehmen. Schnell stellte sich heraus, dass er eines der seltenen Naturtalente war, das bereits nach kaum neunzig Minuten Unterweisung zu seinem ersten Alleinflug starten konnte. Im Anschluss an die Ausbildung gewann er bei

Einzelhändler verstanden schnell, sich die Liebe der Öffentlichkeit für Flugzeuge gewinnbringend zunutze zu machen. Morehouse-Martens, ein Kaufhaus in Columbus, Ohio, charterte den Piloten Phil Parmalee (oben) mit seiner Maschine, ließ von ihm Seidenballen, die er auf dem Passagiersitz seines Wright Modell B beförderte, per Luftfracht liefern und verkaufte Stücke des aufgeteilten Gewebes mit ansehnlichem Gewinn als Souvenirs.

einem Flugtag in Chicago einen Preis im Langzeitfliegen. Einen Monat später bestieg er zu seinem berühmt gewordenen Flug von Küste zu Küste seine *Wright EX*, einen einsitzigen Doppeldecker, der speziell für ihn in der Fabrik der Gebrüder Wright angefertigt worden war. Die Maschine hatte eine Spannweite von 9,75 Metern und erreichte eine Spitzengeschwindigkeit von 47,8 Knoten.

Angelockt durch die Werbemöglichkeiten, erklärte sich die Armour Company of Chicago einverstanden, Rodgers fünf Dollar pro geflogener Meile zu zahlen, wenn er an gut sichtbarer Stelle die Worte »Vin Fizz« (ein von der Armour hergestellter Soft-Drink) auf seinem Flugzeug anbringen ließ. Darüber hinaus zahlte Armour auch noch einen Sonderzug mit einem Pullmann- und einem Tageswagen für Rodgers Frau, seine Mutter und die Mechaniker, zu denen auch Charlie Taylor und andere gehörten. Am 17. September 1911 kletterte Cal in seinen *Vin Fizz Flyer* und hob, die Zigarre fest zwischen die Zähne geklemmt, von einer Rennstrecke in der Nähe von Sheepshead Bay in Brooklyn, New York, ab. Nachdem er einmal über Manhattan gekreist war, begann er mit seiner Odyssee. Er folgte den weißen Tuch-

streifen, die man entlang des Erie-Schienenstranges ausgelegt hatte, und musste bereits nach weniger als zwei Stunden in Middletown, New York, wieder landen – wo er von einer begeisterten, rund 9 000 Personen zählenden Menschenmenge begrüßt wurde. 84 Meilen, also knapp 135 Kilometer, waren geschafft, aber wieviele lagen noch vor ihm? Am darauffolgenden Morgen war Cal schon früh auf den Beinen, um die Reise fortzusetzen. Vertrauensvoll warf er den Motor an und schon ratterte der *Vin Fizz Flyer* davon und hob einwandfrei ab – nur um gleich darauf einen Baum zu streifen und in einen Hühnerstall zu stürzen. Charlie Taylor leitete die Reparaturarbeiten und vier Tage später war Cal wieder in der Luft. Jetzt zierte allerdings, quasi als Erinnerung an seinen ungeschickten Start, eine Bandage seinen Kopf. Als nächstes verabschiedete sich eine der Kufen. In Scranton, Pennsylvania, belagerten Souvenirjäger den *Vin Fizz Flyer* und verschafften sich alles, was an ihm nicht niet- und nagelfest war. Cal konnte gerade noch verhindern, dass ein Mann ein Motorventil absägte. In der Nähe von Buffalo, New York, streifte der Unglücksrabe Rodgers einen Stacheldrahtzaun und beschädigte sein ohnehin schon leidgeprüf-

Links: Der flotte Calbraith Rodgers, mit seinem Markenzeichen, einer Zigarre im Mundwinkel, posiert hier für die Fotografen, bevor er mit seinem Vin Fizz *getauften Wright-Doppeldecker (rechts) zum ersten Abschnitt seiner epochalen Odyssee durch den Himmel Amerikas startet.*

tes Flugzeug erheblich. So ging es halbwegs katastrophal von Etappe zu Etappe weiter.

Am 8. Oktober landete Rodgers in Chicago. Immer noch mussten zwei Drittel der Strecke über den Kontinent bewältigt werden, und Cal blieben nur noch zwei Tage, diese Entfernung zurückzulegen. Eine unmöglich zu schaffende Aufgabe, und dennoch strahlte er Selbstvertrauen aus: »Preis hin, Preis her. Das ist das Ziel, das gesetzt wurde, und wenn Bespannung, Stahl und Drähte – im Zusammenwirken mit ein wenig Muskeln, Sehnen und Verstand – mich nicht im Stich lassen, werde ich ankommen.« Er verließ Chicago und folgte den Eisenbahnschienen der Chicago and Alton Railroad. Zwei Tage später befand er sich im Anflug auf Marshall in Missouri und am Tag darauf flog er nach Kansas City, wo er die Einwohner begeisterte – und ganz besonders die Kinder, von denen viele Schulfrei bekommen hatten, um diesen fantastischen Anblick miterleben zu können.

Doch dann verschlechterten sich die Witterungsbedingungen und Cal musste zwei Tage im Overland Park verbringen – wobei die Zeit genutzt wurde, den *Vin Fizz Flyer* zu überholen, mit besonderem Augenmerk auf die Zündkerzen, da diese ihm praktisch seit Anbeginn des Fluges immer wieder Probleme bereitet hatten. Nachdem er vom Overland Park gestartet war, hatte er einen guten Flug bis Vinita in Oklahoma. Doch erneut zwang ihn schlechtes Wetter, dort einen weiteren Tag zu verbringen. Die nächste Etappe war Muskogee in Oklahoma, wo sein Erscheinen die Einheimischen praktisch von den Füßen riss. »Für all diejenigen, die Rodgers aus seinem Flugzeug aussteigen und

von der Maschine herunter klettern sahen, hätte der Besuch von einem Marsmenschen keine größere Sensation sein können…«, deklamierte der *Daily Phoenix*.

Rodgers startete erneut und landete schließlich in McAlester, Oklahoma, um dort die Nacht zu verbringen. Früh am Morgen ging es gleich weiter nach Fort Worth in Texas. Am Mittwoch, dem 18. Oktober, traf er schließlich auf der Texas State Fair in Dallas ein. Auf seinem Weg dorthin war er von einem neugierigen Adler abgefangen worden, der etliche Male um den Flieger herumflog, um sich die Wright'sche Maschine aus der Nähe zu betrachten. Die *Dallas Morning News* berichteten: »Inmitten eines tumultartigen Applauses der 75 000 begeisterten Menschen glitt Cal P. Rodgers, der Küste-zu-Küste Flieger, um 13 Uhr 50 hinunter auf das Innenfeld der State Fair, nachdem er zuvor fast eine Viertelstunde über dem Ausstellungsgelände geschwebt war und damit eine hier noch nie zuvor gesehene fliegerische Leistung gezeigt hatte. Dann ging er mit seinem Doppeldecker wieder auf Kurs Süd, um seine lange Reise an die Pazifikküste fortzusetzen.«

Südlich von Austin fiel der Motor aus, doch Cal schaffte in der Nähe der Kleinstadt Kyle eine sichere Landung im Gleitflug. Taylor diagnostizierte einen Kolbenfresser. Nachdem die Reparaturarbeiten abgeschlossen waren, machte sich Rodgers, inzwischen kampfesmüde und ausgezehrt, auf den Weg nach San Antonio. Seit Antritt des Transkontinentalfluges hatte er fast sieben Kilo Gewicht verloren.

Am Dienstag, dem 24. Oktober, flog Cal über 210 Kilometer weit nach Spofford in Texas. Die Pazifikküste schien jetzt langsam in Sicht zu kommen. Doch am darauffolgenden Morgen berührte der rechte Propeller während des Starts den Boden. Augenblicke später kam die Maschine schlitternd zum Stillstand. Beide Propeller waren zersplittert und die Tragflügel in einem erbärmlichen Zustand. Unglaublich aber wahr, am nächsten Morgen hatten Charlie Taylor und seine Mannschaft das Flugzeug wieder repariert und der unerschütterliche Cal startete nach Sanderson in Texas. Nach einem durch Starkwind bedingten Aufenthalt erreichte er dann am Sonntag, dem 29. Oktober, El Paso, nachdem er zwischendurch noch einmal Probleme mit der Wasserpumpe seines Motors gehabt hatte.

Am ersten November traf Rodgers in Tucson, Arizona, ein. Die Nacht verbrachte er in Maricopa und flog dann weiter bis Stoval Siding im Westen von Yuma, wo ihm der Sprit ausging. Trotz seiner Erschöpfung spürte Cal die Nähe des Sieges. Doch die Pechsträhne für Calbraith Perry Rodgers war noch nicht zu Ende. Wenige Kilometer hinter Imperial Junction in Kalifornien explodierte der erste Zylinder seines Motors. Metallsplitter trafen seinen rechten Arm wie ein Schwall schmerzhafter Bienenstiche. Mit erheblicher Geistesgegenwart schaffte er es, die Kontrolle über das Flugzeug zu behalten und eine gute Landung unmittelbar neben einer Bahnstation der Southern Pacific hinzulegen. Der Zug der Reparaturmannschaft traf fast gleichzeitig mit einem ortsansässigen Arzt ein, der sich gleich um Cals mit Metallsplittern gespickten Arm kümmerte.

Charlie Taylor hatte keinen Ersatzmotor mehr. Also musste er die Teile wieder verwenden, die er in Texas bei der Überholung in Kyle ausgetauscht hatte. Jetzt war endgültig der Zeitpunkt gekommen, an dem die Materialermüdung bei der Maschine so groß geworden war, dass jederzeit mit Problemen zu rechnen war. Am Samstag, dem 4. November, startete Cal erneut. Er erreichte Banning in Kalifornien gerade noch, bevor die Zündkerzen, die sich gelockert hatten, und ein leckendes Kühlsystem ihn zur Landung zwangen. Am darauffolgenden Tag, dem 5. November, versuchte er es erneut, musste aber wegen einer gerissenen Benzinleitung sofort wieder landen. Fest entschlossen startete er nach der Reparatur gleich wieder und erreichte um 16 Uhr und acht Minuten doch noch Pasadena. Im dortigen Tournament Park legte er eine ganz weiche Landung hin und wurde dabei von einer schätzungsweise 10 000 Personen starken Menschenmenge bejubelt. Er war 6770 Kilometer mit einer Durchschnittsgeschwindigkeit von 44,75 Knoten, also 82,9 Kilometern in der Stunde geflogen. Dabei hatte er insgesamt

drei Tage, zehn Stunden und vier Minuten in der Luft verbracht.

Doch die Reise war noch nicht zu Ende. Die Pazifikküste lag immer noch über dreißig Kilometer entfernt, aber Cal war entschlossen, die Reise nicht als abgeschlossen zu betrachten, bevor er sie nicht erreicht hatte. Am 12. November hob er in Pasadena ab und machte sich auf den Weg nach Long Beach. Wie gehabt, stürzte er auch auf diesem letzten Teilstück noch einmal ab, weil der Motor versagte. Er stürzte auf ein gepflügtes Feld und zum x-ten Mal ging das Wright'sche Flugzeug zu Bruch.

Er selbst brach sich einen Knöchel und es verging fast ein ganzer Monat, bis Cal so weit wieder hergestellt war, dass er seinen Flug endlich vollenden konnte. Am Sonntag, dem 10. Dezember, humpelte er zu seinem treuen Flugzeug hinüber, steckte die Krücken seitlich neben den Sitz und startete zur letzten Runde seiner Odyssee. Die Reise hatte ihn insgesamt 84 Tage gekostet. Unterwegs hatte er fünf schwerere Abstürze überstanden, und seine duldsame Maschine war so oft repariert worden, dass das Ruder und die Ölwanne zum Schluss noch die einzigen Originalteile waren. Der Rest der Maschine bestand nur noch aus Ersatzteilen, von denen einige sogar mehr als einmal ausgetauscht worden waren.

»Mein Rekord wird keinen allzu langen Bestand haben«, erklärte Cal und fügte in weiser Voraussicht hinzu: »Mit entsprechenden Landeplätzen entlang der Route und besseren Bedingungen, um sich um alle Dinge kümmern zu können, ist dieser Flug tatsächlich leicht in dreißig Tagen oder weniger zu schaffen.«

Cal war pleite. Die Reparaturkosten hatten die Vin-Fizz-Fördermittel komplett verschlungen, obwohl seine Frau ein wenig Geld hinzuverdienen konnte, weil sie sich selbst zur Briefträgerin der »Rodgers-Luftpostgesellschaft« ernannt hatte. Für 25 Cent hatten Bürger die Gelegenheit, eine Postkarte an Bord von Rodgers Flugzeug zum nächsten Zwischenstopp befördern zu lassen, von wo aus die reguläre Post die weitere Zustellung zum Empfänger übernahm.

Im darauffolgenden Frühling stattete Cal Long Beach noch einmal einen Besuch ab. Rund 7000 Zuschauer hatten sich im Vergnügungspark eingefunden, um ihn dabei zu beobachten, wie er im Tiefflug über den Strand flog. Dabei traf er mit einer Schar Seemöwen zusammen, die über einem Sardinenschwarm kreiste. Einer der Vögel stieß mit dem Flugzeug zusammen und sein Kadaver wurde im Ruder eingeklemmt. Daraufhin verlor Cal die Kontrolle über seine Maschine und stürzte in den Pazifik. Er war auf der Stelle tot.

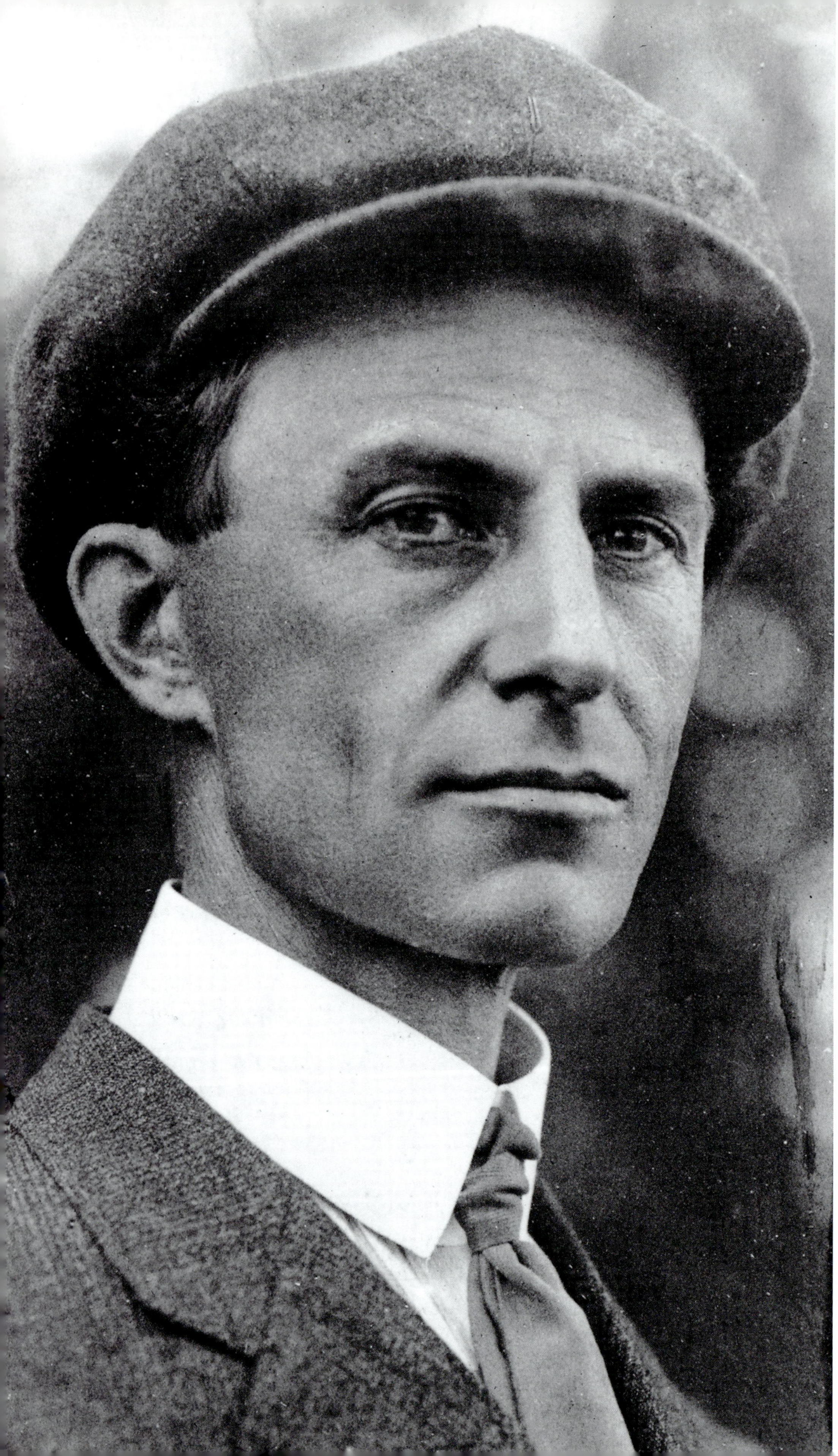

KAPITEL

14

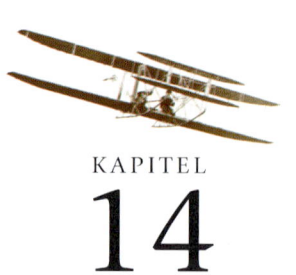

Ein Genie tritt ab

»Ein kurzes Leben voller Konsequenzen. Er besaß einen unfehlbaren Intellekt, ein unerschütterliches Temperament, großes Selbstvertrauen und hatte bei großer Bescheidenheit das Richtige immer klar vor Augen, und diesem Prinzip folgte er ein Leben lang bis zu seinem Tode.«

Bischof Milton Wright
in seinem Tagebuch, 30. Mai 1912

Mitte 1910 hatte Wilbur das Fliegen fast völlig aufgegeben. Die endlosen Rechtsstreitigkeiten, in denen er die Patente, Entwicklungen und sogar den Ruf der Wrights verteidigen musste, kosteten ihn seine gesamte Zeit. Wochen verbrachte er bei Gerichtsverhandlungen, wo er meisterhaft als Sachverständiger fungierte – kaum überraschend, wenn man den Reichtum an aeronautischem Wissen bedenkt, über den er verfügte. Dennoch schienen die Anforderungen des Geschäftslebens ihn auszulaugen. Die täglich verabreichten Dosen an Kleinmut und Schikane kränkten, ja, ärgerten ihn zutiefst.

Doch er kämpfte weiter, getrieben von der Erkenntnis, dass die endlosen Verzögerungen in der Gerichtswelt alles gefährden konnten, wofür er und Orville so hart gearbeitet hatten: »Unzählige Wettbewerber haben das Spielfeld betreten und zum ersten Mal beginnen sie auch Flugzeuge zu bauen, die wirklich fliegen. Diese Maschinen werden aber zu Preisen auf den Markt gebracht, der gerade einmal halb so hoch ist wie der, zu dem wir unsere Flugzeuge verkaufen. Bis jetzt würde eine Entscheidung zu unseren Gunsten uns ein Monopol verschaffen, aber wenn wir zu lange warten müssen, dann wird auch eine noch so positive Entscheidung für uns kaum noch von Wert sein.«

Und die Brüder hatten etliches, über das sie sich Sorgen machen mussten. Die französischen und deutschen Tochtergesellschaften der Wrights liefen ausgesprochen schlecht. So genannte Experten traten jetzt fast täglich mit fragwürdigen geschichtlichen Beweisen auf, mit denen sie nachzuweisen versuchten, dass die Wrights nicht die ersten Menschen waren, die mit Antrieb geflogen sind, und dass sie daher keinerlei Recht hätten, gegen all die Leute Klage zu führen, die nach ihnen gekommen wären. Die Rechtsstreitigkeiten mit Curtiss und anderen – einschließlich des zwielichtigen Augustus Herring – erreichten bislang nicht bekannte Grade an Boshaftigkeit. Es gab sogar Behauptungen, die darauf hinausliefen, die Wrights wären überhaupt nicht die Erfinder der Flügelverwindung gewesen und außerdem für den unglücklichen Tod von John Joseph Montgomery im vergangen Jahr verantwortlich zu machen.

Etwa in dieser Zeit begannen Wilbur und Orville mit dem Bau eines neuen Hauses, einer eindrucksvollen Villa in Oakwood, einem Nobelvorort von Dayton. Am 2. Mai besichtigten die Wrights die Baustelle. Zwei Tage später rief Katharine den Hausarzt der Familie, Dr. Conklin, an. Wilbur

fühle sich nicht wohl, teilte sie ihm mit. Dr. Conklin diagnostizierte Wilburs Zustand als Malariaanfall. Er empfahl völlige Ruhe. Doch nach einer Woche hatte Wilbur immer noch hohes Fieber. Also wandte Wilbur sich an Ezra Kuhns, einen Rechtsanwalt in Dayton, und diktierte diesem seinen letzten Willen. Die Wochen vergingen und es zeigten sich keine Anzeichen für eine Besserung. Dann endlich, als sich der Mai schon seinem Ende näherte, schien es ihm endlich besser zu gehen. Doch seine Genesung war nur von kurzer Dauer. Er starb am 29. Mai im Alter von 45 Jahren an Typhus. Orville war am Boden zerstört.

Wilbur wurde in der presbyterianischen Kirche von Dayton aufgebahrt. Mindestens 25 000 Menschen defilierten am offenen Sarg vorbei, bevor die Totenmesse kurz und ohne Musik abgehalten wurde. Wilburs sterbliche Überreste wurden in der Familiengruft auf dem Woodland Friedhof beigesetzt, während in der ganzen Stadt drei Minuten lang alles zum Stillstand kam, um des namhaftesten Sohnes von Dayton zu gedenken.

Bischof Wright schrieb in sein Tagebuch: »Weder was das Gedächtnis, noch was die Intelligenz anging, hatte er seinesgleichen. Er systematisierte absolut alles. Sein Verstand arbeite schnell und scharf. Er konnte sagen und schreiben, wo immer ihm der Sinn nach stand. Er war nicht gerade gesprächig und sein Temperament war kaum in Wallung zu bringen. Er schrieb sehr viel und konnte auch ausgezeichnete Reden halten, aber er war immer bescheiden.«

Zu der Zeit, als Wilbur starb, war Charles Wald gerade Flugschüler in Simms Station. Er vertrat die Ansicht, dass »...der Geist des Wright-Teams und die Wright Company mit ihm starb...« Wald empfand den Tod des älteren Wright-Bruders als persönlichen Verlust. Er wusste, dass er das Hinscheiden eines Genies erlebt hatte.

Orville war untröstlich. Er machte die alles zermahlenden Rechtsstreitigkeiten für Wilburs Tod verantwortlich und war speziell über Curtiss verbittert. Bei der Beerdigung meinte man Katharine sagen gehört zu haben: »Ich schätze, der Curtiss-Haufen wird sich sehr glücklich schätzen, dass Wilbur von uns gegangen ist.«

Orville erklärte: »Der Tod meines Bruders Wilbur ist eine Angelegenheit, die wir definitiv unseren langwierigen Kämpfen zuordnen müssen... Die ewigen Verzögerungen waren es, die ihn sich zu Tode sorgen ließen... ihn zunächst in einen Zustand chronischer Nervosität und dann in die

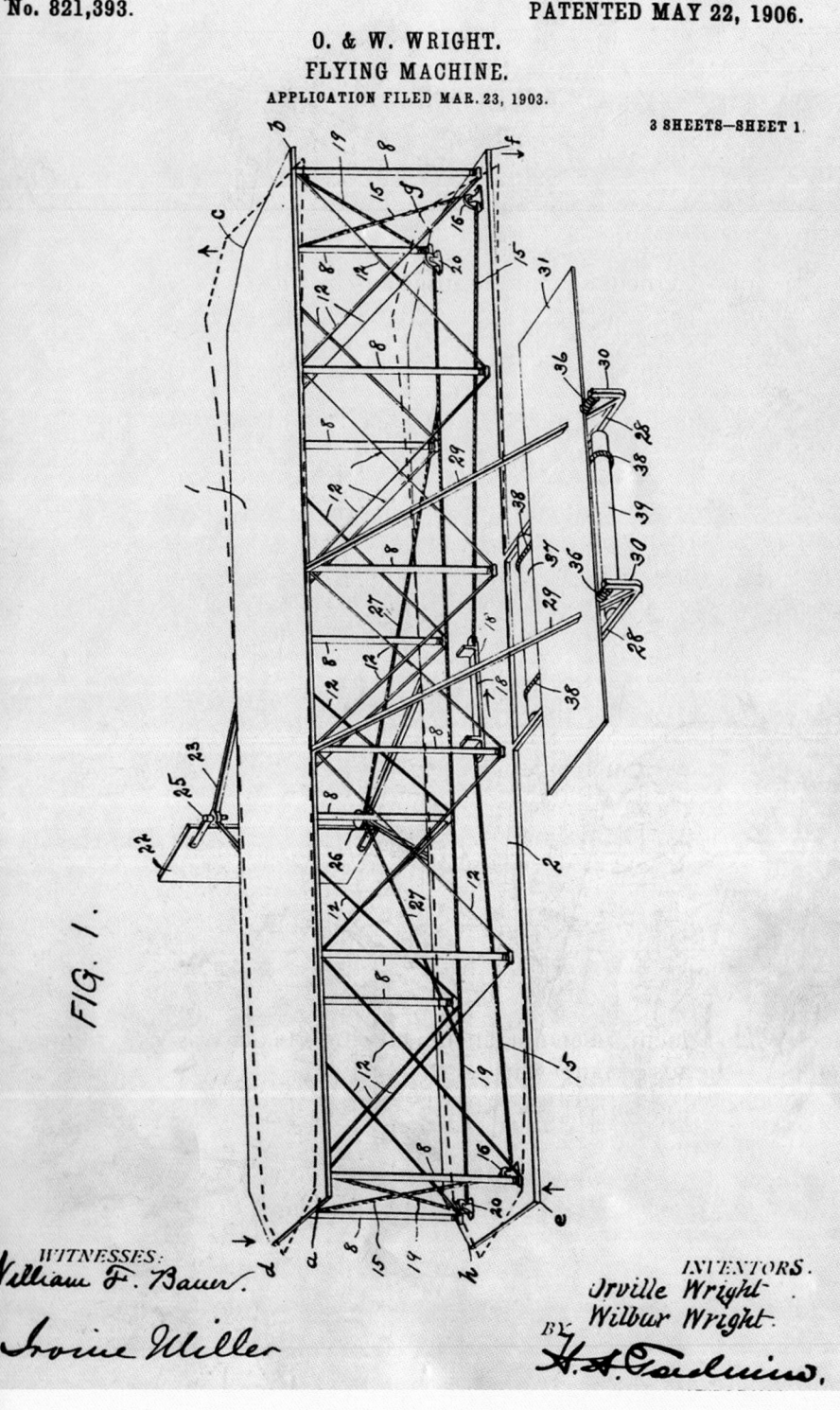

No. 821,393.

PATENTED MAY 22, 1906.

O. & W. WRIGHT.
FLYING MACHINE.
APPLICATION FILED MAR. 23, 1903.

3 SHEETS—SHEET 1.

FIG. 1.

WITNESSES:
William F. Bauer.
Irvine Miller.

INVENTORS.
Orville Wright.
Wilbur Wright.
BY
H. A. Toulmin.

Patentschlachten

Nichts lässt sich schwerer mit dem Bild vereinbaren, das man sich von den Wrights als unvoreingenommenen Denkern machte, als ihre Patent-Rechtsstreitigkeiten – und zwar sowohl was die Dauer angeht, über die sie ihre Erfindung zu schützen versuchten, als auch die Ablehnung, die sie dadurch erfuhren.

Da sie sich durchaus der Tatsache bewusst waren, dass sie mit ihrem Gleiter von 1902 die Geheimnisse des kontrollierten Fluges enthüllt hatten, reichten Wilbur und Orville im darauffolgenden Jahr den Patentantrag auf ihre Erfindung ein. Dieses Patent wurde ihnen schließlich 1906 zugesprochen, was den Brüdern bis 1917 praktisch eine Monopolstellung in der Fliegerei einräumte. Wie sich herausstellte, waren sie dann erstaunlich rücksichtslos, was die Durchsetzung dieser Rechte anging. Kaum trafen Flieger aus der ganzen Welt ein, um an Flugtagen oder anderen Veranstaltungen in den Vereinigten Staaten von Amerika teilzunehmen, waren auch schon die Wrights mit einer einstweiligen Verfügung zur Stelle.

Die ganze Konfusion und die enorme Zahl an Rechtsstreitigkeiten, die durch die Wright'schen Patente ausgelöst worden war, wurden im Grunde durch einen einzigen Mangel hervorgerufen: Niemand, der in die Affäre involviert war – das galt gleichermassen für die Wrights, wie für andere Erfinder und ganz bestimmt für die Rechtsanwälte –, verstand das Wesen der Flächenverwindung oder den Unterschied zwischen ihr und Querrudern. Selbst die technische Zeichnung, welche die Wrights ihrem Patentantrag beigefügt hatten (links), erklärt nicht eindeutig das Prinzip. Tatsächlich enthielt sie sogar irreführende Fehler.

Richter Learned Hand setzte unter Verwendung hervorragender Argumente und mit enormer Sachkenntnis (obwohl auch er die technischen Grundlagen der Steuerung eines Flugzeugs nicht verstand) durch, dass es nicht eine Sache der Mechanik – unabhängig davon ob diese nun Flächenverwindung oder Querruder war – sondern des Prinzips war, weil nur die gleichzeitige Verwendung der Flächenverwindung mit den Rudern die ungünstigen Gierbewegungen zu kompensieren in der Lage sei.

Das war es, was die Wrights entdeckt hatten und was sie geschützt wissen wollten, und keine noch so aufwendigen Anstrengungen anderer konnten sie davon abbringen.

körperliche Erschöpfung trieben, die ihn für den Typhus, der schließlich zu seinem Tode führte, zu einer leichten Beute werden ließen.«

Grover Loening, der zur Zeit von Wilburs Tod Chefingenieur bei den Wrights war, sagte: »Orville und seine Schwester Katharine hatten, bedingt durch ihren Verstand und ihre Charaktere, einen großen, leidenschaftlichen Hass genährt: den Patentkrieg mit Curtiss. Der war permanenter Gegenstand ihrer Unterhaltungen, und die Anstrengungen von Curtiss und seiner Gruppe, die Wrights in Misskredit zu bringen, waren tatsächlich nur schwer zu ertragen.«

Doch Katharine war mit Sicherheit am meisten davon betroffen. Über Jahre hinaus konnte sie sich kaum beherrschen, wenn irgendwo einmal die Rede auf jemanden kam, der mit Curtiss zu tun hatte.

Nach Wilburs Tod machte Orville weiter, so gut er konnte. Er bezog zwar den Präsidentensessel der Wright Company, hatte jedoch wenig Interesse an den alltäglichen Geschäftsabläufen. Der einzige Platz, an dem er zumindest ein gewisses Maß an Zufriedenheit zu finden schien, war im Pilotensitz eines Wright-Flugzeugs. Er verbrachte viel Zeit mit den Anfängern in der Wright'schen Flugschule. Am 28. Juni flog er beispielsweise mit dem Schüler Charles Wald eine Viertelstunde lang, kurz nachdem dieser seinen ersten Alleinflug absolviert hatte – bei dem es zu einigen gefährlichen Augenblicken gekommen war, weil die Maschine nicht richtig zusammengesetzt worden war. Dadurch war Walds Steuerung sehr steif gewesen, und außerdem hatte sie einen verklemmten Zündregler. Anschließend äußerte Wald Vorbehalte gegenüber Orville, den er nach wie vor für einen ausgezeichneten Piloten hielt, aber für einen Pfuscher, dessen Vorstellungen nicht selten zu gefährlichen Situationen führten. Interessanterweise führte Wald ein Tagebuch, in dem er die Bandbreite mechanischer Schwierigkeiten notierte, die er im Sommer 1912 innerhalb weniger Wochen erlebte:

29. Juni: Gebrochene Kettenrolle ausgetauscht.
2. Juli: Stabilisierungskabel des Höhenruders in der Kausch gebrochen.
3. Juli: Bolzen, der den Kipphebel am Auspuff hält, verloren, was zum Ausfall von Zylindern führte.
4. Juli: Kufe durch harte Landung in Erdhügeln gebrochen, bei Untersuchung erwies sich das Holz der Kufe als teilweise verrottet. Neue Kufe innerhalb von zwei Stunden montiert.
6. Juli: Hinteres Hängekabel an der Kufe brach beim Start in der Durchführschlaufe im Augenblick des Abhebens. Spant gebrochen und Propeller geknickt.
8. Juli: Propeller bei laufendem Motor gebrochen, als Maschine aus eigener Kraft in den Schuppen gebracht werden sollte. Maschine kam vom Runway ab und prallte auf den Boden. Austausch durch Ersatzpropeller.
16. Juli: …erneut Kettenrolle ausgetauscht.
20. Juli: Verbindungsstange in Zylinder Nr. 2 brach an der Buntmetall-Lötstelle unter der Kugelgelenklagerung, wodurch der gesamte Kolben einschließlich der Laufbüchse brach. Durch die Blockierung kam es zu einem Fresser im Kurbelgehäuse, in das ein Loch geschlagen wurde… Flughöhe zu diesem Zeitpunkt: 300 Fuß.
22. Juli: Motor Nr. 19 zum Flugfeld gebracht und in Maschine B-14 montiert. Propeller ausgetauscht.

In diesem Sommer traf Orville die Entscheidung eine Wasserflugschule am Glenwood Country Club von Glen Head auf Long Island zu eröffnen. Eine reiche Gegend, in unmittelbarer Nachbarschaft von privaten Jachten und Rennbooten. Der Grundgedanke schien einleuchtend: interessiere wohlhabende Jachtbesitzer für die Schönheiten und Herausforderungen der Wasserfliegerei. Es kann als Zeichen der Zwanglosigkeit gewertet werden, in der sich die Fliegerei der damaligen Zeit befand, dass man Charles Wald, ohne Berücksichtigung der Tatsache, dass er gerade erst seinen Alleinflug geschafft hatte, mit der Sache betraute, obwohl er noch nie in seinem Leben mit einem Flugzeug von der Wasseroberfläche aus gestartet war.

Die Schule verfügte über ein Modell B, angetrieben vom Wright-Vierzylinder-Standardmotor, der es bei 1500 Umdrehungen auf eine Leistung von 35 PS brachte. Das Bruttogewicht der Maschine lag mit montierten Schwimmern bei knapp 590 Kilogramm bei einer Tragflügelfläche von 42,75 Quadratmetern. Dieses Flugzeug war bereits ein Veteran, und aus seiner ursprünglichen Form modifiziert worden, um zu einem Modell B-9 zu werden, das allgemein als das Wasserflugzeug der Wright Organisation bekannt war. Ein Paar dreistufiger Schwimmer aus Holz wurde an die Landekufen montiert, deren Luftwiderstand allein schon fast

Fluglehrer Charles Wald (oben) und der »Hydroaeroplane« wurden sehr selten genutzt, bevor die kurzlebige Wasserflugzeugschule der Wrights auf Long Island im Herbst nach Wilburs Tod wieder geschlossen wurde.

ausreichte, den 35 PS Motor an die Grenzen seiner Leistungsfähigkeit zu bringen.

In den frühen Morgenstunden des 9. September 1912 machte Charles Wald seinen ersten Flug im Wasserflugzeug. Er hob etwa an der Stelle ab, wo auch heute noch die viermastigen Schoner liegen, und stellte fest, dass das Flugzeug nach knapp 200 Metern aus dem Wasser war. Der Flug dauerte 35 Minuten. Ein weiterer Flug später am gleichen Tag verlief allerdings unter weit weniger glücklichen Umständen. Beim Landeanflug auf die glasklare Wasseroberfläche des Hafens musste Wald feststellen, dass Wasser tatsächlich absolut durchsichtig sein kann und einem Piloten damit keine optische Referenz gibt, die ihm hilft, sein Flugzeug herunter zu bringen. Wald traf die Wasseroberfläche in der Drehung und zerbrach dabei zwei Höhenruderholme und vier Tragflächenspanten.

Unverzagt war er schon bald wieder in der Luft. Am 21. September flog er den reparierten »Hydroaeroplane« bis in den knapp 15 Kilometer entfernten Hafen von New Rochelle. Dabei nahm er eine symbolische Fracht in Form von

Zeitungen mit auf den Flug, was ihm eine gute örtliche Presse einbrachte.

J. C. Jackson wurde Walds erster Passagier. Trotz des zusätzlichen Gewichtes, das Mr. Jackson einbrachte, zeigte die Maschine eine gute Leistung, wofür in erster Linie die Effizienz der Wright-Propeller verantwortlich gewesen sein dürfte. Dann hätte Orville beinahe eine Katastrophe ausgelöst, als er kleine Auftriebsflächen an die hohen Schwimmerspitzen montierte, mit denen er die Gefahr mindern wollte, dass die Schwimmer unterschnitten. Während des Startvorgangs war Wald gefährlich nahe daran, die Maschine durch den zusätzlichen Auftrieb der mit Segeltuch bespannten Flächen zu überziehen. Zu Walds großer Erleichterung wurden diese unverzüglich wieder abgebaut.

Am 4. Oktober nahm Wald einen weiteren Passagier namens C. G. Goddard mit auf einen zwölf Minuten dauernden Flug. Das Geschäft schien anzulaufen.

Ein paar Tage später beobachtete Wald, wie ein Mann aus einem Ruderboot fiel. Rasch startete er mit seinem Wasserflugzeug und strich wie ein Gleitboot über das kabbelige Wasser zu dem um sein Leben kämpfenden Mann. Augenblicke später hatte er ihn an Bord gehievt. Die Zeitungen liebten diese Story geradezu und gleichzeitig entpuppte sie sich als ausgesprochen gute Publicity für die Flugschule der Wrights. Aber fast noch größere Bekanntheit erhielt sie durch eine von Marion G. Peck, einer einheimischen Zeitungsreporterin, veröffentlichte Story. Sie war mit Charles Wald zu einem Abendflug gestartet und alles war problemlos verlaufen, bis sie bemerkten, dass durch die Kühle des Abends leichter Nebel aufzuziehen begann. Dadurch wurde der Magnet der Maschine feucht und der Motor begann auszusetzen. Wald stellte fest, dass er nicht genügend Höhe gutmachen konnte, um zur Landung in den Wind zu drehen, weshalb er sich entschloss, mit dem Wind im Rücken zu landen. Die Schwimmer schnitten unter, kaum dass sie die Wasseroberfläche berührt hatten, und das Wasserflugzeug schlug einen Purzelbaum.

Beide Insassen überlebten, doch Wald sah sich selbst kurzzeitig zwischen den Spanndrähten des Flugzeugs unter Wasser gefangen. Er konnte sich jedoch aus eigener Kraft befreien und bemerkte, dass die unerschütterliche Miss Peck auf einem kieloben treibenden Schwimmer sass. »Ich hab' schon gedacht, sie tauchen überhaupt nicht mehr auf!«, begrüßte sie ihn.

Dieser Vorfall markierte das Ende der Wright'schen Flugschule in Glen Head. Zu Orvilles großer Enttäuschung war der Zustrom wohlhabender Schüler, die es nicht abwarten konnten, fliegen zu lernen, ausgeblieben. Wald wurde gefeuert – und wurde später, im Ersten Weltkrieg, in der Curtiss-Fabrik von Buffalo, New York, Leiter der Qualitätssicherungsabteilung.

Im Februar 1913 schiffte sich Orville in Begleitung von Katharine nach Europa ein. Diese Reise stand an, um die letzten Vorbereitungen für die Gründung einer neuen Wright-Firma in England abzuschließen. Nachdem sie in London alles erledigt hatten, reisten Orville und Katharine weiter nach Deutschland, wo sie feststellen mussten, dass der dortige oberste Gerichtshof zwar ihrer Forderung nach den Rechten für die kombinierte Verwendung von Flächenverwindung und Seitenruder entsprochen hatte, nicht jedoch der für Flächenverwindung allein.

Das Paar machte sich wieder auf den Rückweg nach Hause und traf dort gerade rechtzeitig zu Ostern ein – um die verheerendste Überschwemmung mitzuerleben, die Dayton je gesehen hatte. Am 23. März, dem Ostersonntag, fiel starker Regen, während der Wind immer weiter auf-

frischte. Einige Kleinstädte im Norden von Dayton berichteten bereits von ersten Überflutungen. Am Ostermontag hielten die sintflutartigen Regenfälle weiter an. Am Dienstag kam es zu ersten Brüchen in der Uferbefestigung und schon kurz darauf wälzten sich die ersten schlammigen Fluten durch die Straßen der Stadt. Zur großen Bestürzung der Familie war Bischof Wright nirgendwo auffindbar. 24 Stunden lang schien er wie vom Erdboden verschwunden. Dann erfuhren sie endlich, dass er in Sicherheit war. Drei Tage später konnte er unverletzt gerettet werden.

Drei Tage später begann das Wasser wieder abzulaufen. In der Flut von Dayton hatten mehr als 400 Einwohner ihr Leben verloren und der Schaden wurde auf rund 100 Millionen Dollar beziffert. Die höher gelegenen Bereiche, wo das neue Haus der Wrights entstand, waren ebenso wie die Fabrikanlage der Wright Company verschont worden. Die Wrights hatten Glück gehabt. Ihr Schaden belief sich auf weniger als 5000 Dollar – kaum ein Problem für die wohlhabende Familie Wright.

Orville war mit seiner Position als Präsident der Wright Company nicht besonders glücklich. Er fühlte sich bei weitem wohler, wenn er zusammen mit Charlie Taylor und den anderen in der Werkstatt arbeitete und Probleme auf die »handgreifliche« Art und Weise lösen konnte, die ihm weit mehr lag. Es war eben nicht sein Ding, diese endlosen Besprechungen, die langwierige Korrespondenz und die Tausende von Details, die nur Wirbel machten und Sorgen bereiteten. In Gesellschaft von Direktoren und Vorstandsmitgliedern in New York hatte er sich nie wohl gefühlt. Eine besondere Abneigung hegte er gegenüber dem Schatzmeister Barnes, einem korpulenten Mann, der scheinbar ununterbrochen zweideutige Witze machen musste, während er giftige Rauchwolken aus seinen Zigarren paffte.

Doch der Vorstand hatte eine Menge wichtiger Dinge zu diskutieren, da das Geschäft kaum als boomend zu bezeichnen war. Das Standardflugzeug der Wrights, das Modell C, war inzwischen so gut wie überholt. Weit modernere Konstruktionen, die von den Luftschrauben gezogen wurden und bei denen der Motor vorne saß, waren auf dem besten Wege, die alten Schubversionen zu überholen. Inzwischen hatte sich unter den Fliegern die Ansicht immer stärker breit gemacht, dass es eine gefährliche Angelegenheit war, wenn man einen Schubmotor unmittelbar im Rücken hatte. Bei Abstürzen lief ein Pilot Gefahr, vom Motor zerquetscht zu werden. Doch Orville hielt nach wie vor den »Schieber« für die beste Lösung. Er argumentierte damit, dass ein Motor, der

sich vor einem befand, die Sicht nach vorn beeinträchtigte. Da das Militär in absehbarer Zukunft der wichtigste Kunde und ohne Zweifel der Haupteinsatzbereich von Flugzeugen sein würde, waren die aus militärischer Sicht favorisierten, schubgetriebenen Maschinen einfach überlegen.

In dieser Zeit war Orville weit mehr an der Arbeit mit seiner neuen Erfindung interessiert: einem Gerät, das im normalen Flug automatisch die Steuerung bediente. Eines Tages würde die Gemeinschaft der Flieger dieses Gerät als *Autopilot* bezeichnen. Pech für die Wright Company, dass Lawrence Sperry an der Verwirklichung der gleichen Vorstellung arbeitete. Orvilles System bediente sich eines Pendels, das mit einer Batterie und einer kleinen Windfahne verbunden war. Wann immer das Pendel aus der Senkrechten ausgelenkt wurde, wurde die Flächenverwindung aktiviert und die Balance wieder hergestellt. Die stabile Fluglage vorn und achtern wurde durch die Windfahne kontrolliert, die, horizontal angebracht, auf das Höhenruder wirkte. Ein kleines Flügelrad, das durch den Luftstrom angetrieben wurde, lieferte die Energie für die Steuerelemente. Der Pilot konnte die Windfahne dann in jedem beliebigen Winkel einstellen.

Gegen Ende des Jahres 1913 baute Orville diesen Mechanismus in ein Modell E mit einem einzelnen Schubpropeller ein. Er knüpfte erhebliche Hoffnungen daran, die prestigeträchtige Collier-Trophy zu gewinnen. Bei dieser Trophäe

handelte es sich um einen Jahr für Jahr neu ausgesetzten Preis für den bedeutendsten Beitrag zur Luftfahrtentwicklung – und Curtiss hatte ihn in den beiden vergangenen Jahren in Folge für sich entscheiden können.

Jetzt, befand Orville, wäre endlich einmal die Wright Company an der Reihe.

Schließlich war es am frostigen 31. Dezember 1913 so weit, und Orville führte seine Erfindung den Juroren des Aero Club vor. Alles in allem flog er 17-mal, wobei er einmal allein sieben Platzrunden über dem Flugfeld drehte – und dabei keine Hand auf der Steuerung hatte. Zur Verblüffung der Zuschauer hielt der Stabilisierungsmechanismus die Maschine in einem konstanten Neigungswinkel, während sie über das Feld knatterte. Die Londoner *Daily Mail* erklärte: »Die Nachricht, dass Orville Wright einen neuen Beitrag zur Kunst des Fliegens geleistet hat, kann nur bedeuten, dass nach seiner Erfindung des ersten praktisch nutzbaren Flugzeugs nun eine zweite Erfindung die Welt begeistern wird. Wenn Orville Wright behauptet, dass sein Stabilisator das Fliegen ›so narrensicher wie nur denkbar‹ mache, wird die Welt ihm Glauben schenken, denn es ist bekannt, dass er weder ein Schwätzer noch ein Aufschneider ist.« Orville selbst sagte voraus, dass seine Erfindung es möglich machen werde, dass die Menschen in weniger als zehn Jahren genauso selbstverständlich fliegen würden, wie sie jetzt ihre Automobile steuerten.

Doch dieser Fall trat nicht ein. Die Flugzeuge entwickelten sich weiter. Die exponierte Position von Piloten und Passagieren führte dazu, dass voll verkleidete Rümpfe entwickelt wurden – was außerdem der Stabilität zuträglich war, an der es den Rümpfen der Flugzeuge aus der Frühphase noch erheblich mangelte. Als die Autopiloten sich allmählich durchzusetzen begannen, war es allerdings nicht Orvilles Pendel/Windfahnensystem, das sich als Verkaufsschlager erwies, sondern das Gyroskop-(Kreiselkompass-)System von Sperry. Ein weiterer Grund für grimmige Gesichter in der Chefetage bei Wrights war eine Folge fataler Abstürze von Wright-Flugzeugen. Das Problem hatte sich erstmals im Juni 1912 ergeben, als sich Arthur Welsh, ein Pilot aus dem Stab der Wright Company, zusammen mit seinem Passagier, Lieutenant Leighton Hazelhurst, bei College Park in Maryland in den Boden bohrte. Im darauffolgenden September stürzte ein Wright Modell B mit Lieutenant Lewis Rockwell am Steuerknüppel und Corporal Frank Scott auf dem Passagiersitz unter ähnlichen Umständen ab. 1913 wurden auf den Philippinen sowohl ein Wright Modell B wie auch ein Modell C bei Abstürzen zerstört, glücklicherweise beide Male ohne Verlust von Menschenleben. Doch im Juli des gleichen Jahres kam Lieutenant Loren Call beim Absturz eines Wright Modell B in Fort Sam Houston in Texas ums Leben. Er befand sich in einem ganz normalen Landeanflug, als sein Flugzeug von einer Sekunde zur anderen in den Sturzflug ging und er es nicht mehr schaffte, die Maschine abzufangen.

Orville war davon überzeugt, dass diese Unfälle darauf zurückzuführen waren, dass die Piloten die Maschinen überzogen hatten, weil sie den Anströmwinkel ihrer Tragflächen falsch eingeschätzt hatten. Er machte sich sofort an die Arbeit, ein Gerät zu entwickeln, das den Piloten anzeigte, wenn ein Überziehen unmittelbar bevorstand – ein Vorläufer der heute verwendeten Überziehwarner. Dazu montierte Orville eine kleine Windfahne am Flugzeug. Diese Fahne wies gerade voraus, wenn sich das Flugzeug im Geradeausflug befand, und verfügte über einen so genannten »Pointer«, der auf jede Abweichung hinwies. In normaler Fluglage sollte der Anströmwinkel zwischen fünf und zehn Grad gehalten werden, um ein Überziehen im Anflug zu vermeiden. Orville war felsenfest der Meinung, wenn die Piloten den Pointer sorgfältig im Auge behielten, könnten mehr als neunzig Prozent der Unfälle vermieden werden.

Doch die Probleme bestanden weiterhin. Am 4. September 1913 kam Lieutenant Moss Love ums Leben, als sich sein Wright Modell C auf den Rücken legte und abstürzte. Anfang November fand Lieutenant C. Perry Rich den Tod, als sein mit Schwimmern ausgerüstetes Wright Modell C ohne Vorwarnung beim Landeanflug ins Wasser stürzte. Etwas später kamen Lieutenant Hugh Kelly und der Fluglehrer Eric Ellington ebenfall in einem Modell C ums Leben.

Von Vorwürfen gegen die Sicherheit seiner Flugzeuge unter Druck geraten, schrieb Orville, dass er mit Bestürzung von den Unfällen Kenntnis genommen habe – »… aber was mich weit mehr bestürzt, ist die Tatsache, dass sie vermeidbar gewesen wären.« Das Modell C sei ein sicheres Flugzeug, erklärte er weiter. Doch dann, am 4. Februar 1914, geriet Lieutenant Harry Post – nachdem er zuvor in einem Modell C über der San Diego Bay einen neuen Höhenrekord von über 12 000 Fuß aufgestellt hatte – in Schwierigkeiten und trudelte in den Tod. Bis zu diesem Zeitpunkt waren ein Dutzend Offiziere der Army ums Leben gekommen – die Hälfte davon in Maschinen der Modellserie C. Die Untersuchungskommission der Army kam zu dem Schluss, dass das Höhenruder der Maschine zu schwach dimensioniert sei, und sie verwarfen das Modell C in Gänze.

Gleichgültige Wartung der Flugzeuge dürfte bei den Unfällen ebenfalls eine Rolle gespielt haben. Als Oscar Brindley, der Leiter der Flugschule der Wrights in Simms Station, nach Kalifornien reiste, war er entsetzt über den Standard der Wartungen. Er empfahl, einen kompetenten Ingenieur einzustellen. Der junge und ambitionierte Grover Loening war genau der richtige Mann dafür. Er schied daraufhin bei der Wright Company aus, um eine Stelle als Flugingenieur beim Signal Corps der US Army anzutreten. Gleich darauf versetzte er Orville in Rage, weil er sämtliche schubgetriebenen Flugzeuge verdammte, denn diese neigten so leicht zum Überziehen und ihre Piloten wurden bei einem Absturz gewöhnlich von den Motoren zermalmt.

Trotz aller Gefühle, die Orville hegen mochte, war die Kritik sehr wohl gerechtfertigt. Kurz darauf verkaufte Glenn Martin eine Serie von Flugzeugen, bei denen der Motor vorn saß, an die Army, und innerhalb der nächsten sechs Monate musste nur der Verlust eines einzigen Piloten beklagt werden – und das nicht, weil er die Maschine überzogen hätte, sondern weil er durch einen Sturm weit hinaus aufs Meer abgetrieben worden war.

Im Frühling 1914 bezogen die Wrights – Orville, Katharine und ihr Vater, Bischof Wright – ihr prächtiges neues Haus in Oakwood, zusammen mit ihren Hausangestellten Carrie Grumbach und deren Mann Charlie. Die Lage des neuen Wohnsitzes machte zusätzliche Fahrzeuge erforderlich. Von ihrem alten Haus an der Hawthorn Street aus hatte

das Fahrradgeschäft weniger als anderthalb Kilometer weit entfernt gelegen, von Oakwood aus war es jedoch doppelt so weit. Für die Fahrten dorthin und zu der Fabrik der Wright Company im Stadtzentrum schaffte Orville nun einen Franklin Roadster an. Es machte ihm großen Spaß, diesen Wagen schnell zu fahren, und die Polizei in Dayton lernte schnell, in eine andere Richtung zu schauen, wenn er vorbei gerast kam. Eine derart prominente Persönlichkeit wie Orville Wright festzunehmen, war einfach undenkbar.

Orville hatte kein besonderes Interesse mehr an den Angelegenheiten der Wright Company und wollte die Firma gern loswerden. Zum ersten Mal in seinem Leben nahm er Geld auf, um die anderen Direktoren auszuzahlen. Gleich darauf bot er die Firma zum Verkauf an. Im Oktober 1915 war der Kaufvertrag perfekt, doch blieb Orville ihr auch weiterhin als beratender Ingenieur mit einem Jahresgehalt von 25 000 Dollar verbunden – was in der damaligen Zeit ein recht ansehnliches Einkommen darstellte. Diese Position behielt er auch weiter bei, nachdem 1917 bei der Kriegserklärung zwischen Amerika und Deutschland die Dayton-Wright Airplane Company gebildet wurde.

Orville wurde zum Major der Reserve des Signal Corps ernannt, trug aber nie eine Uniform. Die meiste Zeit des Krieges verbrachte er mit Arbeiten in seinem Labor am North Broadway in Dayton. Im Mai 1918 bestieg er in seiner Lederkluft ein Wright-Flugzeug Baujahr 1911 und flog Seite an Seite mit einer in Amerika gebauten DH-4, um die verblüffenden Fortschritte zu demonstrieren, die in nur wenigen Jahren in der Luftfahrt erzielt worden waren. Dies war die letzte Gelegenheit, bei der er selbst als Pilot in einem Flugzeug sass. Für den Rest des Krieges arbeitete er an der Entwicklung eines Lufttorpedos. Die Entwicklung erwies sich aber als Fehlschlag und wurde abgesetzt, nachdem das Gerät in der Luft auseinander gebrochen war.

Orville fuhr fort, an den unterschiedlichsten Erfindungen zu arbeiten, doch alles lief jetzt viel ruhiger bei ihm ab. Er zog es vor, die warmen Monate in seinem Ferienhaus auf einer Insel in der Georgian Bay von Ontario zu verbringen, wo nur wenige Einheimische und Besucher wussten, dass er *der* berühmte Mr. O. Wright war. Für alle anderen war er nur einer von vielen Cottage-Besitzern, ein umgänglicher Mann, der großzügig den einen oder andern auf seine Ausflüge mit

Rechte Seite: Die Villa der Wrights in Oakwood, wie sie heute aussieht, und Innenbild: kurz nachdem die Familie das Haus im Frühjahr 1914 bezog. Bischof Wright in der Bildmitte sitzend, mit Katharine zu seiner Linken und Orville dahinter stehend.

seinem Rennboot mitnahm. Auch Katharine verbrachte bis Mitte der zwanziger Jahre ihre Sommer in der Georgian Bay und verblüffte Orville dann mit der Neuigkeit, dass sie heiraten würde. Ihr Verlobter, Henry J. Haskell, war Co-Verleger des in Kansas City erscheinenden *Star*. Die beiden hatten sich schon in den neunziger Jahren des vergangenen Jahrhunderts auf dem College kennen gelernt und er war seitdem ein Freund der Familie geblieben.

Orvilles Reaktion auf die Verlobung war ziemlich unvernünftig und übertrieben. Er sah Katharines Verhalten als unloyal der Familie gegenüber an. Trotzdem wurden Katharine und Haskell am 20. November 1926 in Oberlin, Ohio, getraut. Doch leider sollte die Verbindung nur von kurzer Dauer sein. Drei Jahre später zog sich Katharine eine Lungenentzündung zu und Orville verließ sofort Kansas City, um zu ihr zu eilen. Doch Katharine verstarb bereits am 3. März 1929. Sie wurde neben Wilbur in der Familiengruft auf dem Woodland Friedhof beigesetzt. Damit war Orvilles Familie noch kleiner geworden, denn Bischof Wright war bereits 1917 im Schlaf verschieden. Von den Geschwistern gab es außer ihm jetzt nur noch Lorin.

In den letzten Jahren seines Lebens wurden Orville noch viele Ehrungen zuteil. Er nahm sie mit aller gebotenen Höflichkeit, jedoch ohne große Begeisterung entgegen. Er reagierte beispielsweise auf die Landung von Charles Lindbergh auf dem Wright Field einen Monat nach dessen sensationeller Atlantiküberquerung im Mai 1927 weit lebhafter. Die beiden Männer verstanden sich gut und fuhren gemeinsam hinaus nach Oakwood, um dort ihr Abendessen einzunehmen – dabei wurden sie jedoch von ganzen Horden Schaulustiger gestört.

Obwohl in der Öffentlichkeit scheu und in sich gekehrt, war Orville im Kreise seiner Familie und Freunde ein lebhafter Gesellschafter. Er vertrat seine Meinungen stark und bei manchen Themen im wahrsten Sinne des Wortes unerschütterlich, einschließlich der Prohibition (die er befürwortete) und Versicherungen (die er ablehnte). Er liebte Streiche, war vernarrt in Süßes und es bereitete ihm unglaublichen Spaß, mit seinen Nichten und Neffen zu spielen.

Seine Ablehnung Glenn Curtiss gegenüber wurde nur noch von seiner Antipathie gegen das Smithsonian-Institut übertroffen. Diese hatte ihren Ursprung im Jahre 1910, als das Smithsonian die Wrights darum bat, eine ihrer Maschinen zur nationalen Luftfahrt-Ausstellung innerhalb ihrer aeronautischen Sammlung beizusteuern. Der Gedanke

war der, die Maschine neben dem Modell des dampfgetriebenen *Aerodrome* von Samuel Langley auszustellen. Die Wrights weigerten sich mit der Begründung, dass seitens des Smithsonian immer noch die Ansicht vertreten wurde, das *Aerodrome* sei das erste motorisierte und flugfähige Flugzeug gewesen. Darüber zogen Jahre ins Land, und schließlich ließ Orville 1925 die Bombe platzen, als er in zwei Daytoner Zeitungen ankündigte, dass der *Flyer* im Science Museum in London ausgestellt werden würde. Die Amerikaner waren schockiert. Einige vertraten sogar die Ansicht, Orvilles Verhalten sei schon fast ein Akt des Hochverrats, andere hielten es für ein ruchloses Komplott antiamerikanischer Splittergruppen in der britischen Regierung.

Orville störte das alles überhaupt nicht. Im März 1928 veröffentlichte er im *US Air Service* einen Artikel, in dem er in allen quälenden Einzelheiten erläuterte, warum der *Flyer* in einem ausländischen Museum ausgestellt werden sollte. Dieser Artikel beschämte das Smithsonian – und die Verlegenheit wurde sogar noch durch die Tatsache gesteigert, dass in diesem Jahr der 25. Jahrestag des ersten Fluges begangen werden sollte.

In der Zwischenzeit hatte der Kongress 25 000 Dollar für die Errichtung eines Denkmals auf den Kill Devil Hills bewilligt, doch die Monate gingen ins Land, ohne dass mehr als eine Entscheidung darüber getroffen wurde, wie das Monument aussehen sollte. Schließlich kam man überein, dass man den Jahrestag nutzen wollte, um zumindest die Feierlichkeiten einer Grundsteinlegung abzuhalten. Ein zweites Denkmal in Form eines mächtigen Felsbrockens sollte die Stelle markieren, an der Orville bei diesem geschichtsträchtigen Flug den Boden verließ. Aber wo genau war diese Stelle? In einem Gebiet voller Treibsände war es nach 25 Jahren kaum noch festzustellen, wo das alles passiert war, und die Entscheidung erwies sich als ähnlich schwierig wie die, eine bestimmte Stelle im Wasser eines Flusses zu markieren. Zwei Veteranen der alten Kill-Devil-Hills-Rettungsstation, Will Dough und Adam Etheridge, waren mit Unterstützung von Johnny Moore, der als Junge das Ereignis beobachtet hatte, die Retter in der Not. Gemeinsam legten sie genau den Ort fest, an dem Orville vom Boden abgehoben hatte.

Zum vereinbarten Tag trafen sich etwa 200 Delegierte von der International Civil Aeronautics Conference mit Regierungsmitgliedern in Washington, um sich gemeinsam auf die Reise zu den Outer Banks zu begeben. Es war mit Sicherheit eine einfachere Reise als die von Wilbur im Jahre 1900, allerdings nicht wesentlich. Einer der Delegierten,

Woody Hockaday aus Wichita in Kansas, fiel während der Überfahrt mit der Fähre von Point Harbor über Bord und wäre fast ertrunken. Allen Heuth, einer der drei Männer, die das Gelände für die Gedenkstätte beigesteuert hatten, fiel von einer Sekunde zu anderen an Deck der Fähre tot um. Die Feierlichkeiten selbst fanden bei so heftigem Wind statt, dass die Ausführungen der einzelnen Redner kaum verstanden wurden. Amelia Earhart stand in Orvilles Nähe, der, Berichten zufolge, die ganze Zeit über auf den fernen Horizont

wurden alle Gäste bis auf die Haut durchnässt. Sechs Jahre später wurde das Fahrradgeschäft der Wrights in der West Third Street sorgfältig abgebaut und nach Greenfield Village in Dearborn, Michigan, verfrachtet, wo es als Teil von Henry Fords Gedenkstätte für die Pioniere, welche das Amerika vor dem Ersten Weltkrieg entscheidend geprägt hatten, wieder aufgebaut wurde.

Im Jahr 1939 erschien im *Harper's Magazine* ein Artikel von Fred C. Kelly unter der Überschrift: »Wie die Gebrüder

Links: Von den heftigen Winden North Carolinas gebeutelt, erstiegen Regierungsvertreter und Hunderte von Delegierten der International Civil Aeronautics Conference in Washington im Jahr 1928 die Kill Devil Hills, um den Grundstein für die Wright-Gedenkstätte zu legen. Rechts: Orville, links im Bild, Senator Hiram Bingham und Amelia Earhart posieren vor dem Grundstein für die Fotografen.

gestartt haben soll, als wäre er mit den Gedanken ganz wo anders – was wahrscheinlich auch der Fall war.

1932 wurde das 275 000 Dollar teure Wright Memorial der Öffentlichkeit übergeben, wobei diesmal die Anreise für die Delegierten wirklich leichter war, da man in der Zwischenzeit die Wright Memorial Bridge fertiggestellt hatte, die den Currituck Sound überspannte. Auch bei diesem Anlass spielte das Wetter wieder einmal nicht mit. Ununterbrochener Regen beeinträchtigte die Feierlichkeiten, und als eine Bö die Segeltuchplane von der Bühne riss,

Wright begannen.« Kelly kannte die Wrights seit 1915, als er noch für *Collier's* über sie geschrieben hatte. Kurz darauf begann Kelly mit der Arbeit an einer umfassenden Biografie der beiden Brüder, die unter Orvilles redaktioneller Kontrolle entstehen sollte. Doch das Buch war kaum zur Hälfte fertiggestellt, als Orville der Sache überdrüssig wurde und Kelly anbot, ihn für den entstandenen Ärger zu entschädigen. Doch Kelly lehnte ab.

Orvilles Fehde mit dem Smithsonian lief noch bis in die Mitte der vierziger Jahre. 1942 veröffentliche Charles Abbot,

der Generalsekretär der Smithsonian Institution, endlich ein Papier, in dem detailliert sämtliche Veränderungen aufgezeichnet waren, die man 1914 an Langleys *Aerodrome* vorgenommen hatte. Darüber hinaus gab er zu, dass die Flüge von 1914 »…nicht die von der Smithsonian Institution gemachten Statements rechtfertigten, nach denen Tests bewiesen hätten, dass die große Langley'sche Flugmaschine von 1903 tatsächlich zu einem ausdauernden bemannten Flug in der Lage gewesen wäre…«

Orville war überglücklich. Endlich hatte die zum Wahnsinn treibende Kontroverse doch noch beigelegt werden können. Am 17. Dezember 1943, dem vierzigsten Jahrestag des ersten Fluges, wurde daher angekündigt, dass der *Flyer* nach dem Krieg in die Vereinigten Staaten von Amerika zurückkehren werde.

Fünf Jahre später reiste das historische Flugzeug auf friedlichen Gewässern an Bord des Atlantikliners *Mauretania* nach Hause, um im Smithsonian National Museum ausgestellt zu werden. Schließlich war der *Flyer* wieder da, wo er hingehörte. Orville war bei der Einweihung nicht anwesend. Knapp ein Jahr zuvor hatten ihn Probleme mit dem Herzen dahingerafft. Man kann sich gut vorstellen, wie er gegrinst hätte – war ihm doch eine weitere ermüdende Feier erspart geblieben.

Oben: Eine zeitgenössische Postkarte mit der Zeichnung des mächtigen Wright Memorial in den Kill Devil Hills, das 1932 der Öffentlichkeit übergeben wurde. Rechts: Der Flyer *von 1903 schwebt nach dessen Rückkehr auf amerikanischen Boden im Anschluss an den Zweiten Weltkrieg über den Häuptern einer dankbaren Menschenmenge im Smithsonian-Museum.*

Das, was die Gebrüder Wright erreicht haben, findet in der Menschheitsgeschichte nicht seinesgleichen. Sie haben alles verändert. Nachdem sie ihr zerbrechliches Flugzeug zusammengebaut und geflogen hatten, war die Welt nicht mehr dieselbe. Die Wrights waren da erfolgreich, wo andere versagten, weil sie ein Problem als dreistufige Übung verstanden. Die erste Stufe bestand darin, eine flugfähige Fläche zu schaffen, also einen Flügel oder mehrere Tragflächen. Die zweite war die Frage des Antriebs, den ein Flugzeug haben sollte, und die dritte schließlich war die Methode, wie man es im Flug ausbalancieren und steuern konnte.

Bemerkenswerterweise gab es nur sehr wenige andere Pioniere der Luftfahrt, die ein Flugzeug ebenfalls als effiziente Wechselwirkung dieser drei Elemente verstanden. Einige hielten schiere Kraftentfaltung für die Antwort und dachten wenig bis gar nicht darüber nach, wie sie ihre Flugmaschine steuern wollten, wenn sie es tatsächlich schafften, in die Luft zu kommen. Andere suchten nach absoluter Stabilität.

Zur Zeit der Gebrüder Wright brauchte ein schnelles Schiff noch sieben Tage für eine Atlantiküberquerung. Heute dauert eine solche Reise ebenso lange, nur sind aus den Tagen Stunden geworden. Die Wrights haben das alles erst möglich gemacht. Sie haben das letzte Jahrhundert sicherlich ebenso stark geprägt wie Einstein und Freud. Obwohl die Wrights Kinder des 19. Jahrhunderts waren, trug die Art und Weise, wie sie die Probleme des bemannten Fluges angingen, im Grunde schon Charakterzüge des 20. Jahrhunderts. Sie brauchten nicht erst die theoretischen Prinzipen des Fliegens auszugraben, wie Newton und Einstein ihre Erklärungen für die verschiedenen Naturphänomene. Die Wrights konzentrierten sich auf Konstruktionskriterien, die ein Flugzeug fliegen lassen würden. Zu der Zeit, in der die Wrights die Luftfahrtszene betraten, hatte sich die Wissenschaft von der Domäne der Verrückten und Visionäre gelöst und eine wenn auch zaghafte Respektabilität erreicht.

Die Flugmaschine der Gebrüder Wright war empfindlich und unbe-

Epilog

rechenbar und in vielerlei Hinsicht alles andere als perfekt – und dennoch war sie das Signal für den Beginn einer Revolution. Nach etlichen Jahren hatte die Welt endlich ein brauchbares Flugzeug. Und fast sofort, so schien es zumindest, folgten unzählige andere. Und in welch unglaublicher Vielfalt produzierten sie ihre Lösungen! Doppeldecker, Eindecker, Dreidecker und sogar neunflügelige Monströsitäten wie die Caproni Ca60 von 1921 und das zwölfmotorige Ungeheuer, die Dornier DO-X. Das Flugzeug wurde sehr schnell zu einem Symbol für die moderne Welt. Mit dem Flugzeug zu reisen galt schon bald als der Gipfel der Kultiviertheit. Luftfahrtorientiertes Denken wurde zum Bestandteil wundersamer Geschehnisse, die unsere Welt veränderten.

Ironischerweise überlebte der Name Wright nur als Anhang zu einem anderen berühmten Namen der Luftfahrtgeschichte: in der Curtiss-Wright Corporation, die über Jahrzehnte hinweg Triebwerke für Flugzeuge herstellte. Und genau das war vielleicht der unfreundlichste Schritt von allen, nämlich den Namen Wright mit dem des Erzrivalen der beiden Brüder, mit dem sie so viel Rechtsstreitigkeiten auszufechten hatten, zu verbinden. Im Laufe des Zweiten Weltkriegs wurde Orville einmal gefragt, ob er es jemals bedauert habe, in die Erfindung des Flugzeugs eingebunden gewesen zu sein. Er antwortete: »Meine Gefühle einem Flugzeug gegenüber sind noch am ehesten mit denen zu vergleichen, die ich Feuer gegenüber hege. Was ich damit meine ist, dass ich all die Schäden bedaure, die ein Feuer verursachen kann. Doch glaube ich fest daran, dass es gut für die menschliche Rasse gewesen ist, dass jemand entdeckte, wie man Feuer machen kann, und dass es heute möglich ist, das Feuer auf Tausende von Arten sinnvoll zu nutzen.«

Ein Flug mit dem *Flyer* Baujahr 1903 der Gebrüder Wright

Der Krach ist einfach unglaublich. Knapp eine Armlänge vom Kopf entfernt röhrt einen die nicht schallgedämpfte Vierzylindermaschine mit 30 Umdrehungen pro Sekunde an. Ihr Gebrüll übertönt fast das Flappen der beiden rund einen Meter achtzig großen Propeller, die sich weniger als eine Mannshöhe hinter einem befinden. Zäh kämpft sich das Flugzeug den Weg die Schiene hinunter in den wirbelnden Wind. Man liegt in einer merkwürdigen Haltung mit erhobenen Schultern und Kopf auf dem Bauch in der Wiege – ohne irgendwelche Sicherheitsgurte –, wobei der linke Ellbogen auf dem Flugzeug ruht, um der Hand genügend Bewegungsfreiheit zu verschaffen, damit sie den Bedienhebel des Entenflügels betätigen kann. Mit der rechten Hand hält man den An/Aus-Schalter des Motors. Ein paar Meter vor dem Ende der knapp 18,5 Meter langen Startschiene spürt man, dass das Flugzeug abheben möchte. Entsprechend der jetzt einsetzenden kleinen Hüpfer der Maschine zieht man am Hebel für den Entenflügel. Dann hebt sich die Nase und steigt weiter. Sofort muss wieder der Hebel betätigt werden, um die einsetzende Instabilität zu kompensieren. Der Boden weicht zurück.

Man fliegt.

Obwohl es viele gibt, die über diesen ersten Flug fantasiert haben, aber nur wenige, die tatsächlich versucht haben, ihn nachzuvollziehen, hat niemand je eine wirkliche Replik des *Flyer* von 1903 geflogen. Doch im Jahr 2003 habe ich vor, genau das zu tun.

Ich habe gehört, dass jemand, der in den dreißiger Jahren versucht hatte, eine Nachbildung zu bauen, zu dem Schluss gekommen war, dass das Flugzeug der Wrights nicht zu fliegen war. Bis in die siebziger Jahre hat es dann niemand mehr versucht, bis zwei erheblich modifizierte Versionen für Filmaufnahmen und Fernsehserien gebaut wurden, die zum siebzigsten bzw. achtzigsten Jahrestag ausgestrahlt werden sollten. 1990 schließlich begann ein italienischer Luftfahrtbegeisterter namens Giancarlo Zanardo mit dem Bau seiner Replik des Wright'schen *Flyer*, wobei er Pläne verwendete, die Louis Christman in den fünfziger Jahren vom Original-*Flyer* von 1903 angefertigt hatte. Zanardo begann mit Rollversuchen und wagte sich mit gestiegenem Selbstvertrauen schließlich an kurze Hüpfer und schaffte es, mit seinem *Flyer* einen vollständigen Kreis zu fliegen, und das in einer Höhe von etwa dreißig Metern – etwas, das die Wrights mit ihrer ersten Maschine nie versucht hatten. Aber um das zu bewerkstelligen, musste Zanardo sowohl den Entenflügel als auch die senkrechte Schwanzstruktur modifizieren, eine andere Tragflächenform wählen, den Schwerpunkt der Maschine verschieben, indem er

Linke Seite: Giancarlo Zanardo an der Steuerung seiner Replik des Flyer *von 1903. Oben, links: Udo Jörges Flyer-Nachbau, Modell 1908, in der Aufwärmphase am Boden. Unten, links: Dieses Lear-Testflugzeug wurde so programmiert, dass es sich wie ein* Flyer *flog. Mit den aus dieser Simulation gewonnenen Daten und denen von unserem Modell aus dem Windkanal (rechts) wissen wir heute, welche Modifikationen an unserer Flyer-Replik erforderlich sind.*

die Position des Piloten und des Motors weiter nach vorn verlagerte, und schließlich auch noch das Durchhängen der Tragflächen beseitigen.

Um einen *Flyer* zu bekommen, der nicht nur richtig aussieht, sondern auch gut fliegt, besteht die Möglichkeit, von 1903 aus einen kleinen Zeitsprung nach vorn zu machen und das *Modell A* der Wright'schen Maschine aus dem Jahr 1908 nachzubauen – so wie es der Deutsche Udo Jörges tat. Er arbeitete auf der Basis des einzigen noch im Original existierenden *Modells A*, das sich im Deutschen Museum in München befindet. Die Resultate von Jörges Anstrengungen waren dann tatsächlich spektakulär – eine wirklich fliegende Replik eines Flugzeugs der Gebrüder Wright.

Während das Jahr 2003 immer näher rückt, nimmt das Interesse der ganzen Welt an den Flugzeugen der Gebrüder Wright ständig zu. Was auch immer die Probleme des Original-*Flyer* gewesen sein mögen, wenigstens eine Gruppe – die *Wright Experience* unter der Leitung von Ken Hyde – plant den Bau einer detailgenauen Nachbildung dieser Maschine. Wie die Gruppe mit den Problemen dieses ersten Flugzeugs der Wrights umgehen will, bleibt abzuwarten.

Unser augenblickliches Flugzeug des *Wright Flyer Project*, das laut Terminplan zum ersten Mal im Jahr 2002 fliegen soll,

versucht so nah am Original der Wrights zu bleiben wie nur möglich. Der fliegerische Erfolg wird nicht zuletzt davon abhängen, inwieweit Kenntnisse über den *Flyer* wiedergewonnen werden können, die nicht mehr verfügbar sind, seit die beiden Brüder damals geflogen sind. Durch unsere Arbeiten mit drei Flugzeugen – einer Replik in Originalgröße und zwei kleineren Modellen – haben wir es geschafft, eine komplette aerodynamische Analyse des *Flyer* von 1903 durchzuführen. Wenn wir all diese Daten durchdacht und die Flugcharakteristika der Maschine studiert haben werden – einschließlich der Testflüge, die im Mai 2001 auf der Edwards Air Force Base stattgefunden haben, bei denen ein Learjet so programmiert wurde, dass er das Flugverhalten eines *Flyer* aufwies – sind wir überzeugt, in vollem Umfang zu verstehen, wie der *Flyer* flog und worin seine Probleme bestanden.

Unsere Flüge werden geradeaus und in einer Höhe erfolgen, also genau wie die vom 17. Dezember 1903. Es wird keinerlei schicke Luftakrobatik geben, ja noch nicht einmal den Ansatz zu einer Kurve. Doch unter Berücksichtigung dessen, was wir inzwischen von den Wrights verstanden haben und welch ungeheure Leistung diese ersten Flüge darstellten, wird das auch voll und ganz genügen.

Fred Culick

Bibliographie

Behringer, Wofgang: *Der Traum vom Fliegen. Zwischen Mythos und Technik*, Frankfurt am Main 1991.

Biddle, Wayne: *Barons of the Sky. From early flight to strategic warfare: the story of the American aerospace industry*, New York 1991.

Combs, Harry und Martin Caidin: *Kill Devil Hill: discovering the secret of the Wright brothers*, Boston 1979.

Crouch, Tom D.: *The Bishop's Boys. A Life of Wilbur and Orville Wright*, New York und London 1989.

Culick, Fred E. C.: »The Origins of the First Powered, Man-carrying Airplane«, *Scientific American*, Juli 1979, S. 86–100.

Gibbs-Smith, Charles H.: *The World's First Aeroplane Flights (1903–1908)*, London 1965.

Grunwald, Henry A. (Hrsg.): *The Epic of Flight. The First Aviators. The Road to Kitty Hawk*, Chicago 1980.

Harris, Sherwood: *The First to Fly. Aviation's pioneer days*, New York 1970.

Howard, Fred: *Wilbur and Orville. A biography of the Wright brothers*, Mineola 1987.

Jakab, Peter L.: *Visions of a Flying Machine. The Wright Brothers and the process of invention*, Washington und London 1990.

Kelly, Fred C.: *The Wright Brothers. Biography authorized by Orville Wright*, New York 1943.

Miracle at Kitty Hawk, New York 1951.

Kirk, Stephen: *First in Flight. The Wright brothers in North Carolina*, Winston-Salem 1995.

McFarland, Marvin W. (Hrsg.): *The Papers of Wilbur and Orville Wright*, 2 Bände. New York 1953.

Mondey, David (Hrsg.): *The International Encyclopedia of Aviation*, New York 1977.

Roseberry, C. R.: *Glenn Curtiss. Pioneer of flight*, Garden City 1972.

Saundby, Sir Robert: *Early Aviation. Man conquers the air*, London 1971.

Spick, Mike: *Meilensteine der Luftfahrt. Von den Gebrüdern Wright bis zur Stealth-Technologie*, Stuttgart 2000.

Wald, Quentin R.: *The Wright Brothers as Engineers, an appraisal* and *Flying with the Wright Brothers, one man's experience*, Port Townsend 1999.

Wohl, Robert: *A Passion for Wings. aviation and the western imagination*. New Haven und London 1994.

Bildnachweis

Es sind alle Anstrengungen unternommen worden, das in diesem Buch reproduzierte Material korrekt zuzuordnen. Sollten uns dennoch irgendwelche Irrtümer unterlaufen sein, wären wir glücklich, sie in folgenden Ausgaben korrigieren zu können.

Alle Archivfotografien, ausgenommen die im Folgenden anderweitig zugeordneten, stammen aus der Wright Brothers Collection der Wright State University Special Collections and Archives. Alle Farbfotografien, die speziell für dieses Projekt angefertigt wurden, stammen von Peter Christopher © 2001. Alle Diagramme wurden von Jack McMaster angefertigt.

Umschlag: Wright Brothers Collection/Wright State University Special Collections and Archives.

ARC (Ames Research Center):
Seite 9 (AC99-003-4).

AIAA/Mit frdl. Gen. Fred Culick:
Seiten 58, 171 (unten rechts).
Gregory Alegi/Giancarlo Zanardo:
Mit frdl. Gen., Seite 170.
Bettman/Corbis/Magma
Seiten 156, 166-167 (rechts).
Bridgeman Art Library:
Seite 95 (oben).
Brown Brothers:
Seiten 71 (Mitte und unten rechts), 95 (unten), 144.
Peter Christopher:
Seiten 6,7,16,18 (links), 19 (oben), 27, 28, 29 (oben links), 34, 64 (Innenbild), 66, 87, 163, 168-169.
Corbis/Magma:
Seiten 25 (links), 71 (links und oben rechts), 136 (links), 151, 152.
Fred Culick:
Seite 171 (unten links)
Nick Engler/Wright Brothers Aeroplane Company:
Seiten 31, 38, 54 (Innenbild).
Gaslight Advertising Archives:
Seite 29 (unten).
Giraudon/Art Resource:
Seiten 23, 142 (links).
Hulton Archive:
Seiten 20 (rechts), 21, 22 (unten), 25 (rechts) 98, 100, 106 (Innenbild), 138-139, 145 (rechts).
Image Select/Art Resource:
Seiten 20 (Innenbild), 24 (rechts).
Udo Jörges:
Mit frdl. Gen., Seite 171 (oben links).
Library of Congress:
Seiten 16 (Innenbild), 18 (unteres Innenbild), 19 (unten links), 29 (oben rechts), 35, 36 (unten), 39, 46 (oben links), 57 (unten links), 74-75, 76-77, 78 (oben rechts und Mitte), 84-85, 91, 96, 97, 163 (Innenbild).
Magma Photo News:
Seiten 2-3 (Sonnenuntergang).
Mary Evans Picture Library:
Seiten 81, 103, 114, 124 (unten links), 127, 128 (unten links), 136 (Innenbild und rechts), 145 (links).
National Air und Space Museum:
Seiten 69 (NAS-10620), 70, 148-149 (NAS-4377C).

National Archives:
Seiten 132 (NA 111-SC-93511), 133 (NA 018-WP-198222), 134 (NA 018-WP-52658), 135 (NA 018-WP-198228).
North Wind Picture Archives:
Seiten 17, 24 (links).
Dan Patterson:
Seiten 41, 49, 57 (oben), 61, 63 (unten), 92-93.
William S. Phillips/Mit frdl. Gen. durch Greenwich Workshop:
Seite 141.
John Provan (Privatsammlung):
Seiten 80, 142 (unten rechts), 166 (links).
Scala/Art Resource:
Seite 22 (oben).
Smithsonian Institution:
Seiten 55 (links), 122 (links), 142 (oben rechts).
Time Pix:
Seiten 105, 107 (oben).
Underwood & Underwood/Corbis/Magma:
Seite 165 (links).

Register

Dank

All denen, die sich genauso enthusiastisch wie ich für das *Los Angeles AIAA Wright Flyer Project* engagiert haben, möchte ich meinen aufrichtigen Dank dafür aussprechen, dass sie mehr als zwei Jahrzehnte kollegial zusammengearbeitet und Hangar-versuche durchgeführt haben. Unser aller Dank gilt dabei unserem Vorsitzenden Jack Cherne, der mehr und kontinuier-licher als alle anderen dazu beigetragen hat, das gesamte Unter-nehmen zusammenzuhalten.

Mein Dank gilt auch Ian Coutts von *Madison Press Books*, der sich als wunderbarer Lektor erwiesen hat – immer enthusiastisch und voller Unterstützung, jederzeit tolerant. Es war stets ein wirkliches Vergnügen, mit ihm zusammenzuarbeiten. Dieses Buch reflektiert seine hervorragende Arbeit.

Fred E. C. Culick

Madison Press Books dankt den Nachfolgenden für ihre un-glaublich wertvolle Hilfe beim Zustandekommen dieses Projekts:

Carol Ann Missant am *Henry Ford Museum and Greenfield Village*, die es Peter Christopher ermöglichte, die Heim- und Werkstatt der Wrights zu fotografieren. Steve Thompson vom *U.S. National Park Service*, der Peter Christopher die Erlaubnis gab, im *Wright Brother National Memorial* in North Carolina zu fotografieren zu dürfen. Darrell Collins, dem Historiker des *Memorial*, für die Überprüfung der historischen Richtigkeit von John McMasters Diagramm der ersten Flüge. Dawne Dewey, Leiterin der *Special Collections and Archives* der *Wright State University Libraries* dafür, dass alle historischen Einzelheiten auf ihre Richtigkeit hin über-prüft wurden, sowie Professor Bernard Etkin, ehemals Universität von Toronto, für die Überprüfung der feineren technischen Details, die in diesem Buch Erwähnung fanden.

Ganz besonders stehen wir in der Schuld von John Sanford und Jane Wildermuth, den Archivaren an der *Wright State Uni-versity*. Sie gewährten uns ebenso bereitwillig wie begeistert Zugang zur grandiosen Sammlung an Fotografien der Gebrüder Wright, von denen etliche in diesem Buch zum ersten Male veröffentlicht werden. Des Weiteren gilt unser Dank Nick Engler von der *Wright Brothers Aeroplane Company* dafür, dass er uns die Fotografien seiner wunderschönen Modelle der Wright'schen Gleiter und Drachen auslieh. John Provan sei Dank dafür, dass er uns eine Vielzahl seiner historischen Postkarten zur Verfügung stellte, die hier wiedergegeben werden.